W0055859

Über den Autor:

Norbert Golluch war 25 Tage Beamter auf Lebenszeit, danach folgte die Amtsenthebung auf eigenen Wunsch wegen des Gefühls, lebenslänglich bekommen zu haben. Seit dieser alles entscheidenden Kündigung ist er als freiberuflicher Autor tätig, unter anderem mit satirischer Distanz zum Beamtenstand in Buchform (»Stirbt ein Bediensteter während einer Dienstreise, so ist die Dienstreise damit beendet«).

Norbert Golluch

Machen Sie Ihren Scheiß doch selber!

Wenn kündigen, dann richtig

BASTEI
LÜBBE
TASCHENBUCH

BASTEI LÜBBE TASCHENBUCH
Band 60893

Originalausgabe

Sie finden uns im Internet unter
www.luebbe.de
Bitte beachten Sie auch: www.lesejury.de

Inhalt

Einleitung

Eine Umfrage der arbeitnehmernahen Stiftung »Mensch und Arbeit« unter 1000 deutschen Arbeitnehmern führte zu einem überraschenden Ergebnis. Auf die abschließende Frage eines Erhebungsbogens antworteten 76 Prozent der befragten Arbeitnehmer gleichlautend.

Die Frage: Was würden Sie am Arbeitsplatz am liebsten tun?
Die Antwort: Kündigen!

Kündigen, das bedeutet, eine unergiebige Verbindung oder eine persönlich ungünstige Vereinbarung aufzulösen. Gekündigt wird in allen Branchen, seien es Schlips-und-Kragen-Jobs (oder auch Beschäftigungen im Business-Kostüm) im Banken- und Finanzwesen, anstrengende Knochenjobs im Hoch- und Straßenbau, kundenorientierte Stress-Arbeitsplätze in Groß- und Einzelhandel, ermüdende Tätigkeiten am Fließband oder staubtrockene Beamtendienstverhältnisse. Auch genervte Pädagogen, in Praktika und in freier Mitarbeit ausgebeutete Medienschaffende, überforderte IT-Techniker und Mitglieder etlicher anderer Berufsgruppen möchten einen finalen Strich unter ihre Beschäftigung machen: Ich kündige!

Es gibt etliche Trennungswünsche im alltäglichen Leben, nicht nur Arbeitsverhältnisse betreffend. Man denke nur an all die Verbindungen und Vereinbarungen, die man im Laufe der Zeit so eingeht: Mitgliedschaften in Clubs, Parteien und Vereinen, Zeitschriftenabonnements, Ehe-, Miet- und Bausparverträge, Gesellschafterstatute, Versicherungen, Mitbewohnervereinbarungen, Verträge mit Stromversorgern, Fitnessstudios und so weiter. Diese Bereiche haben in diesem Buch nur am Rande ihren Niederschlag gefunden.

Die meisten kündigungsreifen Spannungsverhältnisse und Konfliktsituationen entstehen dort, wo Menschen arbeiten, sei es in der freien oder angestellten Arbeitswelt. Dieses Buch soll dabei helfen, all die im Zusammenhang mit dem Kündigen und Gekündigtwerden entstehenden Gefühlswallungen zu bewältigen, die Höhen und Tiefen einer wahren Achterbahn der Gefühle ohne seelischen Schaden zu überstehen. Da kochen Minderwertigkeitsgefühle, Wut, Groll, Entrüstung, Empörung, auch Erbitterung und Hoffnungslosigkeit, aber auch Rachewünsche bis hin zur Mordlust hoch, und mancher Personalchef weiß, dass er seines Lebens nicht mehr sicher wäre, wenn die Gekündigten könnten, wie sie wollten … Die Kündigungen in diesem Buch sind frei erfunden, aber man wird ja wohl noch träumen dürfen …

Es ist eine wilde Welt da draußen, und derart schlimme Zustände brauchen ungewöhnliche Gegenmaßnahmen. Auch deshalb wird dieses Buch Sie mit einigen Kündigungsschreiben konfrontieren, die Sie vielleicht so nicht erwartet hätten …

Es gibt viel zu kündigen – packen wir's an.

Banken- und Finanzwesen

Wer kann schon sagen, was ein Insidergeschäft ist?

In keiner anderen Branche gibt es so steile Karrieren und so tiefe Abstürze wie im Bank- und Finanzwesen. Da wird auch schon einmal eine außerordentliche Kündigung ausgesprochen, zum Beispiel wegen der Annahme von Schmiergeld oder sonstigen Zuwendungen. Denn das Vergehen der Bestechlichkeit führt zu einem berechtigten Vertrauensverlust auf Seiten des Arbeitgebers, bestätigt ein Urteil des Bundesarbeitsgerichts im Jahr 2001. Bestechlichkeit ist kein Kavaliersdelikt und wird relativ hart bestraft: Ein paar Hunderter zwischendurch und schon ist der Job weg. Man muss nicht BWL studiert haben, um auszurechnen, dass unterm Strich der Schaden größer ist als der Gewinn durch ein paar zugeflogene Scheine …

Wer im Geschäft ist, verdient sich ohnehin zumeist eine goldene Nase. Warum also einen solchen Traumjob selbst kündigen? Ein möglicher Grund ist, in der Hierarchie weiter nach oben zu wollen, wenn die eigene Karriereleiter im Unternehmen nach oben in einer Sackgasse endet oder die schmale Treppe des Erfolges von der voluminösen Kehrseite eines Konkurrenten oder einer Konkurrentin blockiert wird. Schon möglich, dass man anderswo auf kometengleichen Aufstieg hoffen kann. Viel Glück!

Eine andere Motivation könnte sein, etwas zu vertuschen, über gewisse Dinge Gras wachsen zu lassen. Vielleicht kann man ja ein etwas krummes Geschäft dem Nachfolger in die Schuhe schieben. Wer erinnert sich schon genau, wann wer was vereinbart hat? Erinnerungslücken sind in der Branche eine verbreitete Erscheinung.

Letzter und angenehmster Kündigungsgrund: Eine Transaktion für den Arbeitgeber hat einen so unerwartet günstigen Verlauf genommen, dass auch der Angestellte erheblich davon profitieren konnte und die Anstellung von einer gut betuchten freien Tätigkeit oder einem gut abgesicherten Privatleben abgelöst werden kann. Wer kennt schließlich die Kursentwicklung an der Börse besser als die Finanzmakler? Und wer kann schon genau definieren, was ein Insidergeschäft ist? Manchmal gibt es diese eine und einmalige Gelegenheit – da muss man doch einfach zugreifen!

Eine Schwarzarbeiterin hat die Nummer
des Firmen-Safes gefunden

Ivanka Elsterova, Am Randesacker 16, 45678 Schnelle-Markhausen

Firma Shark Credits
z. Hd. Herrn Holger Heilmann
Hinterm Bahndamm 11
45678 Schnelle-Markhausen

5.5.2015

Kündigung

Lieber Herr Heilmann,

ich bin es, Ihre Putzfrau! Vielleicht haben Sie schon bemerkt, dass ich
einen großartigen Fund gemacht habe: nämlich den Zettel, auf dem
Sie Trottel den Code Ihres Safes notiert haben, weil Sie Spatzenhirn sich
keine fünf Zahlen merken konnten. Fast hätte ich Ihre furchtbare Kin-
dergartenschrift nicht entziffern können, aber nach ein paar Versuchen
hat es funktioniert. Die schwere Stahltür ging auf, und Ihr Panzerschrank
gleicht innen jetzt dem Weltall – sehr groß und extrem leer. Ich gönne
Ihnen nun eine kurze Pause, damit Sie diese Information verarbeiten
können ...

Okay? Ich vermute, dass Sie jetzt vor Wut kochen und mir bereits einen oder gleich mehrere Ihrer Kettenhunde auf den Hals hetzen wollen. Da Sie aber immer nur aus Geld denken, Menschen Ihnen schnurzpiepegal sind und Sie mich deshalb illegal, zu einem Hungerlohn und ohne jegliche Papiere beschäftigt haben, werden Sie feststellen, dass es keine Straße namens Am Randesacker und auch gar keine Ivanka Elsterova gibt. Ich verspreche Ihnen, dass ich Ihr Geld äußerst verantwortungsvoll und nachhaltig anlegen werde. Wer weiß, vielleicht werde ich Ihnen eines Tages etwas leihen, ohne dass Sie wissen, an wen Sie da eigentlich Ihre Wucherzinsen zahlen.

Mit freundlichen Grüßen

Von wem auch immer

Eine Finanzmaklerin kündigt,
um Steuerbetrug aufzudecken

Corinna Seelmann, Schotterstraße 116, 45678 Goldbach

An die Firma
Offshore Finance
Empire Ave
City of Saint John's
Antigua und Barbuda

16.3.2015

Kündigung meiner Tätigkeit als Finanzmaklerin

Sehr geehrte Herren,

ich danke Ihnen für die tiefen Einblicke in das System des frei
fließenden Geldes, doch muss ich diese spannende und lukra-
tive Tätigkeit leider beenden.

Heute sollen Sie mich, die Finanzmaklerin Corinna Seelmann, von einer ganz anderen Seite kennenlernen, nämlich als
verdeckte Ermittlerin. Hätten Sie das gedacht? Diese Laus in
Ihrem Pelz heißt natürlich ganz anders und gedenkt, in ganz
besonderer Weise vom System des freien Finanzhandels zu profitieren. Es ist mir nämlich gelungen, Ihren gesamten Kunden-
bestand und deren finanzielle Verhältnisse auf einer einzigen

DVD festzuhalten und diesen Datenträger gegen die Zahlung eines kleinen siebenstelligen Entgeltes an die Finanzbehörden im Lande Ihrer Firmenzentrale zu übermitteln. Es wäre daher vielleicht sinnvoll, Sie entrichteten Ihren Kunden schon einmal freundliche Grüße und eine Aufforderung zur vorauseilenden Selbstanzeige in ihrem jeweiligen Heimatland.

Mit den besten Wünschen für eine entspannte Steuerprüfung in den kommenden Wochen verbleibe ich, Ihr vermutlich größter Albtraum

Corinna Seelmann (oder so ...)

Ein Buchhalter grüßt nur noch aus der Ferne

Siegfried Schwindl, irgendwo unter blauem Himmel

Ratt KG
Im- und Export
Profitweg 16
12345 Scheffelsdorf-Zockenheim

6.10.2017

Nachträgliche Kündigung

Sehr geehrte Geschäftsführung,

wie Sie bereits bemerkt haben dürften, bin ich
zurzeit nicht mehr in Ihrem Hause anzutreffen.
Ebenso werden Sie festgestellt haben, dass einige Aktiva aus Ihrem – sagen wir einmal – in-
offiziellen Firmenvermögen es vorgezogen haben,
sich mit mir auf eine längere Reise ohne Wie-
derkehr zu begeben. Ich gedenke, in den künftigen Jahren und Jahrzehnten an einem klimatisch
angenehmen Ort von diesen nichtexistierenden
Geldern zu leben, und werde Ihre Firma und deren Geschäftsgebaren immer in guter Erinnerung

behalten – so gut, dass ich im Falle von Nach-
forschungen gern auch der Presse und den Finanzbehörden Rede und Antwort stehen kann. Ich hoffe
aber, wie vermutlich auch Sie, dass dies nicht
notwendig sein wird.

Mit sonnigen Grüßen, vielleicht aus der Karibik,

Siegfried Schwindl, Ihr Ex-Buchhalter

Ein Pförtner kündigt, weil er den Beruf wechseln will

Bernd Graumann, Im Jammertal 5, 45678 Miesbach

Bank für Profit und Fortschritt
Personalabteilung
Schotterweg 115
80796 München

22.1.2016

Kündigung

Sehr geehrte Geschäftsführung,

meine Liebe zum Geld hat mich zum Pförtner in Ihrer Bank werden lassen, und ich muss sagen, ich wurde von Ihnen und den übrigen Angestellten gut behandelt. Hin und wieder wurde ich jovial gegrüßt oder sogar getätschelt und erhielt ein freundliches Trinkgeld von einem oder zwei Euro. Ich fühlte mich stets als Teil Ihres Hauses – auch wenn es der Kettenhund oder die Fußmatte war.

Ich habe diese Funktion gerne ausgeübt, denn bei meiner Tätigkeit in Ihrem Hause konnte ich viel lernen. Da ich beruflich nicht stehen bleiben wollte, entschloss ich mich, mich fortzubilden und den Beruf zu wechseln. Ich konnte mein

Wissen über Alarmanlagen, die Videoüberwachung und die Funktion von Zeitschlössern deutlich erweitern und mich quasi autodidaktisch im Vorübergehen zum Sicherheitsexperten für das Bankwesen ausbilden. Kürzlich stand ich vor der wichtigen Entscheidung, ob ich mich um einen Job als Sicherheitsbeauftragter einer Bank bewerben solle. Ich habe mich dagegen entschieden, weil mir ein anderer Beruf ungleich attraktiver erscheint: Bankräuber. Die Aufklärungsquote für diese sozial nicht ganz anerkannte Tätigkeit hat sich in den letzten Jahrzehnten nicht nennenswert verändert und schwankt um die 60 Prozent – eine wesentlich bessere Chance als beim Lotto.

Um es kurz zu machen: Ich bin gar nicht Ihr Pförtner Bernd Graumann, sondern … Nein, auch nicht Manuel Neuer. Lassen wir das mit der Identität, vielleicht später mal, nach der Verjährung …

Meine erste Arbeit in meinem neuen Beruf habe ich natürlich in meinem Ausbildungsbetrieb durchgeführt, sozusagen eine Art Gesellenstück. In Ihrem Safe fehlt jetzt so dies und das, und Sie werden vermutlich Wochen brauchen, um festzustellen, um welche Gelder und Wertsachen es sich dabei handelt. Erschwerend könnte sich dabei auswirken, dass ich auch digital in der Kontoführung wohlhabender Kunden einiges optimiert habe.

Ich möchte mich noch einmal für die freundliche Behandlung und die gute Ausbildung in Ihrem Bankhaus bedanken und verbleibe mit vorzüglicher Hochachtung

Ihre vermutlich größte Enttäuschung in den letzten Monaten

Ein Ehemann kündigt seine
überstrapazierte Kreditkarte

Norman Schein-Werfer, Schotterweg 1, 45678 Kiesdorf-Auslagen

Miners Club
zu Händen Herrn Schenker
Erwin-Einsacker-Str. 3
12345 Zinsheim

16.12.2016

Kündigung

Sehr geehrter Herr Schenker,

hiermit kündige ich mit sofortiger Wirkung meine Partnerkarte,
zugehörig zu meinem Kreditkartenkonto. Ich weiß, dass es sich
um eine außerordentliche Kündigung handelt, sie ist aber dringend
erforderlich. Zwar weist mein Konto, wie Sie ja ersehen können,
noch ausreichende Deckung auf, doch gelingt es mir nur unter
größten Anstrengungen, in die Wohnung zu gelangen, die ich
gemeinsam mit meiner Frau bewohne. Etwa 5 000 Paar Schuhe
und Fernando-Kartons machen es mir kaum noch möglich, den
Eingangsbereich zu betreten, obwohl ich bereits seit Tagen an
der Hintertür überzählige Schuhe an Bedürftige verschenke. Die
Garderobe ächzt unter zahllosen Louis-Boullion-Handtaschen. In

der Küche kämpfen mehrere Dutzend Haushaltsmaschinen um die Vorherrschaft, darunter, wie ich vermute, intelligente Geräte modernster Bauart, die nur mit modernster Wehrtechnik zu bekämpfen sein werden. Wenn ich die Tür zum Bad öffne, erwartet mich eine Kosmetika-Lawine, und unser Hund bewohnt seit gestern den Karton des neuen 110-Zentimeter-Flachbildfernsehers, eines von insgesamt 16 ähnlichen, wenn auch kleineren Geräten. Das Schlafzimmer wird von Unmengen Kuschelkissen und Knuddeldecken dominiert, dazwischen Sexspielzeuge für die Frau in mir völlig unbekannter und unverständlicher Bauart. Ich schlafe seit Wochen auf dem Fußboden neben meinem Bett, weil es über und über mit Ausstattungspaketen für Ihn von Firmen wie Outfitterei, Modohomo, Just4him oder Select24 bedeckt ist, darunter wirklich bedrohliche Kleidungsstücke und befremdendes Schuhwerk. Eigentlich habe ich in den letzten 14 Tagen sowieso nicht mehr geschlafen, weil ich Tag und Nacht Lieferungen entgegennehmen musste.

Im Zentrum des Geschehens im Wohnzimmer residiert meine Gattin, mit der ich seit etwa drei Monaten keinen zusammenhängenden Satz mehr gesprochen habe. Sie agiert in verstörend schnellem Multitasking an mehreren Notebooks, die ständig mit den wichtigsten Online-Shops in Verbindung stehen und in absehbarer Zeit vermutlich meinen Ruin herbeiführen würden, kämen Sie meinem Wunsch nach Kündigung der Partnerkarte nicht nach.

Mit freundlichen Grüßen

Norman Schein-Werfer

Hoch- und Straßenbau

Den ganzen Tag Training an der frischen Luft?

Was für ein Traumjob! Mit einer eingeschworenen Gemeinschaft muskelbepackter Männer mitten in der freien Natur den Körper trainieren und dabei großartige Leistungen vollbringen, Verkehrswege für das dankbare Gemeinwesen schaffen, unter den bewundernden Augen der Mitbürger Denkmäler der Architektur oder Tempel des Konsums aufrichten helfen, zwischendurch immer wieder alkoholische Kumpelerlebnisse feiern und für das alles auch noch satte Stundenlöhne einstreichen – so ist das Leben im Hoch- und Tiefbau … leider nicht.

Die Wirklichkeit sieht anders aus: Harte Knochenarbeit unter brennender Sonne, schlechte Bezahlung, Niedriglohn-Konkurrenz aus allen, vor allem den östlichen EU-Ländern – und dazu noch die ständige Gefahr, gekündigt zu werden, zum Beispiel wegen Witterungsgründen, die entsprechend § 22 KSchG, § 90 Neuntes Sozialgesetzbuch (SGB IX) oder Tarifvertrag Arbeitstätigkeiten für einen längeren Zeitraum unmöglich machen. Wer denkt bei solchen Arbeitsbedingungen nicht zumindest gelegentlich daran, selbst zu kündigen oder zumindest die Baustelle zu wechseln?

Ein Polier wechselt die Baustelle

Kevin Putzig, Am Glatten Strich 3, 45678 Kellenheim

Firma Baumann & Söhne
Einsackallee 23
12345 Hochtiefingen

7. Mai 2014

Kündigung

Hallo Chef,

ich wollte dir nur sagen, deine Baustelle gefällt mir nicht mehr. Die Fliesenleger streiken, weil sie seit drei Monaten kein Geld mehr gesehen haben. Ihr Subunternehmer ist nämlich mit den Lohngeldern nach Rumänien durchgebrannt. Der Architekt ist ständig besoffen und liest die Baupläne verkehrt herum, der angelieferte Beton ist zu mager und die Frikadellen in der Kantine sind zu fett. Die Elektriker klauen Kupferkabel, die Maurer Steine und der Polier auf der Baustelle nebenan verdient in der Stunde 3,50 Euro mehr als ich. Ich kündige!

Kevin Putzig, Ihr Ex-Polier

Einem Kranführer wird gekündigt

Skyline AG, Baumarktstraße 11, 12345 Lagerstetten

Herrn
Pascal Hochzieher
Lange Treppe 121
5678 Obenheim

5. Juni 2015

Kündigung

Sehr geehrter Herr Hochzieher,

leider müssen wir Ihnen mitteilen, dass Ihre augenblicklichen
Tätigkeiten in Ihrem Beruf als Kranführer in keiner Weise
unseren Erwartungen entsprechen. Deshalb kündigen wir unser Arbeitsverhältnis wegen Verweigerung arbeitsvertraglich
geschuldeter Leistungen.

Sie haben sich in den drei Monaten bei uns insgesamt
viermal krankschreiben lassen (laut Attest wegen »inter-
mittierender Höhenangst«) und haben zuletzt jeglichen
Arbeitseinsatz so lange verweigert, bis die Firma Ihnen als
zusätzliche Sicherung an Ihrem zugegeben deutlich erhöh-
ten Arbeitsplatz einen Fallschirm zur Verfügung stellte. Falls

man Sie im Führerstand Ihres Kranes antraf, dann nur leicht alkoholisiert. Bei einer solchen Gelegenheit füllten Sie unter anderem das Cabrio des zufällig anwesenden Architekten mit 2000 Litern Beton, hochfest, schnell abbindend. Anderen Tages hinterließ Ihre alkoholisierte Aktion »Goldener Regen« alles andere als einen guten Eindruck bei den Kaufinteressenten unserer Eigentumswohnungen.

Den Ausschlag für eine fristlose Kündigung, die wir hiermit aussprechen, gab jedoch Ihre Aktion in der Nacht vom 22. auf den 23. Mai 2015, als Sie sich mit Ihrer Lebensgefährtin zu einem Candlelight-Dinner inklusive Liebesspiel in luftiger Höhe in der beleuchteten gläsernen Kanzel Ihres Kranes trafen, was in der Nachbarschaft der Baustelle zu öffentlicher Erregung führte.

Bitte finden Sie sich morgen pünktlich um 9:00 Uhr in der Firma ein, um Ihr verbliebenes Eigentum abzuholen (eine angebrochene Schachtel Zigaretten, eine halbvolle Flasche Fernet Branca, ein Fernglas, drei Hustler-Ausgaben und ein Taschenbuch »Baukrane führen für Dummies«).

Detlef Drescher, Personalbeauftragter der Skyline AG

Ein Architekt kündigt einem Fastfood-Konzern wegen Geschmacklosigkeit

Cornelis Sinnheimer, Le-Corbusier-Ring 13, 10115 Berlin

Texas-Burger Inc.
Fastfood from Feinsten
Zentrale
Kilojoule-Straße 5
12345 Sattingen-Schnellendorf

18.6.2015

Kündigung des Kooperationsvertrages vom 1.3.2014

Sehr geehrte Damen und Herren,

leider sehe ich mich angesichts der von Ihnen gestellten Änderungswünsche und der Ignoranz Ihrerseits gegenüber meinem architektonischen Konzept nicht mehr in der Lage, Ihr Projekt eines Fastfood-Restaurants in der Richard-Lau-schepper-Straße, Berlin, weiter zu betreuen.

Zwar konnte ich mich noch damit anfreunden, dass mein minimalistischer Rundbau durch die nachträgliche Anbringung einer Art Saturnring an einen Stetson gemahnte, doch ist mit Ihrem Wunsch, zusätzlich noch zwei beleuchtete Longhorn-Hörner auf das begrünte Flachdach zu setzen, der

Bogen meiner ästhetischen Toleranz bei Weitem überspannt – auch wenn diese Vorgehensweise bei etlichen Filialen in den USA zu einem Umsatzplus von über 38 Prozent geführt haben mag. Schon bei der Betrachtung der von Ihnen eingereichten Handskizze musste ich mich mehrfach übergeben, zum Glück nur innerlich.

Zwar gilt laut des mit Ihnen geschlossenen Architektenvertrages bei geschmacklichen Differenzen das Wort des Bauherrn, doch liegt hier meiner Meinung nach aufseiten eines der Vertragspartner überhaupt kein Geschmack vor, sodass dieser Vertragspassus nicht greift oder sogar ungültig ist. Außerdem berufe ich mich auf § 32 StGB Notwehr und erwäge zudem eine Schmerzensgeldklage.

Hochachtungsvoll

Cornelis Sinnheimer

Transportwesen

King of the Road?

Das klingt doch nach dem Traumjob schlechthin: Immer unterwegs auf den Autobahnen dieser Welt, jede Menge fremde Städte und Länder sehen und ganz nebenbei Dutzende interessante Menschen kennenlernen. Wertvolle Waren und Einzelteile an die darauf angewiesenen Produktionsstätten liefern, ein wertvoller Teil des rollenden Warenlagers sein – und das zu Stundenlöhnen jenseits der 6-€-Marke –, wer möchte das nicht? Wer denkt schon an die Monotonie am Steuer, an die langen Stunden im Stau, an die Slalomfahrten zwischen Radarfallen und Polizeikontrollen, an endlose Nächte und Wochenenden auf Rastplätzen, bestenfalls voller bezahlter Schlafkabinenerotik, dazu immer dieselben dummen Gesichter der Kollegen, schlechtes Essen jeden Tag, und die Familie kennt einen nicht mehr, wenn man zu Weihnachten nachhause kommt. Wer möchte da nicht kündigen?

Manch einer muss es gar nicht selber tun. Schon ein gewisser Alkoholgenuss während der Arbeitszeit kann genügen, denn in diesem Beruf müssen ja Gefahren für Dritte vermieden werden, meinte das Bundesarbeitsgericht schon 1984. Und wenn die Fahrerlaubnis erst einmal weg ist, kann das möglicherweise das Ende der Anstellung sein, nämlich dann, wenn der Arbeitgeber den Lkw- oder Busfahrer nicht anderweitig im Betrieb beschäftigen kann – urteilte das Bundesarbeitsgericht 1996.

Egal – ein bisschen Spaß am Steuer muss schon sein!

Ein Fernfahrer antwortet
auf ein Kündigungsschreiben

Albert Bremser, Ziegelsteinstraße 16, 45678 Voll-Gastingen

Spedition Schleicher & Söhne
Am Imbiss 3
12345 Mauthausen (Industriegebiet)

16.9.2007

Ihr Kündigungsschreiben

Nee, mal ehrlich Chef,

ist das dein Ernst? Gut, ich bin mit dem 30-Tonner dreimal an derselben roten Ampel geblitzt worden und Tempo 60 in der Tempo-30-Zone, aber das kann doch mal passieren! Dass mich die Polizei mit dem Gefahrguttransporter und den falschen Papieren erwischt hat, würde ich als Künstlerpech verbuchen. Wäre der Auflieger nicht von der Straße gerutscht und in die Talsperre gefallen, hätte das die Polente nie gemerkt! Aber deshalb bin ich doch nicht gleich für den Job als Fernfahrer persönlich ungeeignet! Außerdem lag sowieso alles an den abgefahrenen

Reifen. Gut, die neuen Reifen hätte ich nicht an die Konkurrenz verscheuern dürfen. Die alten waren zwar schon ziemlich runtergefahren, aber ich dachte, sie würden noch einen Sommer halten. Immerhin habe ich mit der Kohle dann im Kasino 1500 Euro gewonnen, und damit konnte ich die Zugmaschine wieder auslösen, die sie abgeschleppt hatten, weil ich direkt vor dem Kasinoeingang geparkt hatte.

Das war übrigens genau der Truck, den sie mir später bei der Reise durch die Türkei geklaut haben, weil ich mit der Aische einen Segeltörn gemacht habe. Wenn man schon mal da ist, sollte man sich doch wenigstens zwei, drei freie Tage gönnen, oder? Die Tiefkühlhähnchen wären ohnehin hinüber gewesen, weil die Kühlung schon in Ancona nicht mehr funktioniert hat.

Aber warum kommst du mir gleich mit Abmahnung, Kündigung und jetzt auch noch mit Hausverbot? Muss das sein? Wir sind doch immer ganz gut miteinander klargekommen. Oder?

Mach keinen Scheiß, Mann, und nimm die Kündigung zurück!

Albert Bremser, Fernfahrer

Ein Schulbusfahrer erträgt
seinen Job nicht mehr

Martin Dieckmann, Letzte Zuflucht 17, 12345 Obernervingen

Schneckenreiter Busreisen GmbH
Hinterm Schwimmbad 6
12345 Glöpfingen

11. November 2012

Kündigung

Sehr geehrte Frau Schneckenreiter,

nach nunmehr zehnjähriger Tätigkeit am Steuer eines Schulbus-
ses freue ich mich, Ihnen mitteilen zu können, dass ich diese
Tätigkeit nun nicht mehr länger nötig habe. Ich mache gewisser-
maßen eine Vollbremsung und kündige zum nächstmöglichen
Termin.

Da meine wirklich sehr reiche Tante Hilda (Gott hab sie selig)
nun endlich das Zeitliche gesegnet hat, bin ich nicht mehr gewillt,
weiterhin als Dompteur für kreischende Monster zu fungieren und
pubertäre Vollidioten während voller Fahrt von Mord und Totschlag
abzuhalten. Sie müssen sich einen neuen Vandalismusbeauftrag-
ten suchen. Ich werde mich nie wieder mit aufgeschlitzten Sitzen,
mit brennenden Rucksäcken oder mit dem Nothammer einge-

schlagenen Fenstern usw. befassen. Ich habe mich entschlossen, künftig meinen eigentlichen Beruf (Archäologe) als Privatgelehrter auszuüben und auch nur noch am Steuer meines neuen Range Rover Discovery am Straßenverkehr teilzunehmen.

Mit freundlichen Grüßen

Martin Dieckmann

Ein Lkw-Fahrer kündigt
wegen einiger Probleme ...

Mario Wagner, zurzeit in niederländischer Haft

Phoenix Spezialtransporte
z. Hd. Herrn Rainer Schnee
Koksofen 13
56789 Duisburg-Hafen

5.6.2015

Kündigung

Hallo Chef,

eigentlich hätte ich stutzig werden müssen, man kennt
ja diese Geschichten mit dem »Badesalz« aus dem Internet. Dreißig Tonnen Puddingpulver für Amsterdam – wie
konnte ich Idiot nur an solch einen Quatsch glauben? Die
niederländische Polizei und der Zoll waren da schlauer als
ich, hatten sofort die richtige Nase und haben die deutschen Behörden eingeschaltet, die Ihnen wohl demnächst
einen Besuch abstatten werden. Vermutlich hat Sie mein
Brief aber nicht mehr rechtzeitig erreicht, den Rest von
dem »Puddingpulver« hätten Sie sonst sicher gern entsorgt.
Das ist Pech auf der ganzen Linie!

Apropos Linie: Das Zeug ist wirklich sehr gut, und deswegen sind mein Lkw und ich mit einer anderen Linie in Konflikt gekommen, nämlich mit der Fahrbahnbegrenzung. Den Job als Fernfahrer kann ich wohl für eine Weile knicken, so ganz ohne Führerschein ... Übrigens: Hollands Kühe mögen das »Puddingpulver« auch sehr. Sie haben aus einem Graben getrunken, in den das Zeug hineingerutscht war. So lustig habe ich Kühe noch nie herumspringen sehen.

Na ja, ist wohl nicht ganz so gut gelaufen. Deswegen kündige ich zum nächsten Ersten. Das dürfte aber überflüssig sein, denn es wird sicher nicht einfach für Sie werden, Ihre Firma aus der JVA zu führen. Warum soll es Ihnen besser gehen als mir?

Es grüßt

Mario Wagner

Groß- und Einzelhandel

Tante Emma hatte es gut

Kaufleute unserer Tage können vom romantisch verklärten Dasein im kuscheligen Tante-Emma-Laden nur noch träumen. In endlos langen Öffnungszeiten, eingekeilt zwischen aggressivem Onlinehandel und brutalem Preiswettbewerb, kümmerlich ernährt durch minimale Gewinnspannen, fristen diese beklagenswerten Existenzen ein dürftiges Dasein, zudem gefoltert von der kundenfreundlichsten Gesetzgebung, die es je gab. Wer möchte da nicht aussteigen und etwas ganz anderes machen?

Nein, das Leben des Groß- und Einzelhandelskaufmannes/ der Groß- und Einzelhandelskauffrau ist alles andere als einfach. Ständig im Kontakt mit preistreibenden Lieferanten und geizigen Kunden, bis in den Nachtschlaf verfolgt von extrem knapp kalkulierten Ein- und Verkaufspreisen, stehen sie immer kurz vor dem Burnout – und ist da auch immer noch irgendein Vorgesetzter, der sich für einen genialen Kaufmann hält und auch die präzisesten Planungen mit einem Federstrich über den Haufen wirft.

So kann der Berufsalltag aussehen, aus dem man sich lieber heute als morgen per Kündigung verabschieden möchte. Manchen gelingt dies auch. Andere hingegen wollen eigentlich bleiben, denn sie lieben ihren Beruf. Aber ausgerechnet diese seltenen Exemplare werden gekündigt, und dafür reicht es schon, ein paar kleine Betriebs- und Geschäftsgeheimnisse der Konkurrenz zu verraten, zum Beispiel die Einkaufspreise. Zack, Arbeitsplatz weg, selbst wenn der Arbeitgeber nichts weiter als nur einen begründeten Verdacht vorbringen kann – urteilte das Bundesarbeitsgericht schon 1978. Einer plötzlichen und unerwarteten Kündigung förderlich kann es auch sein, wenn Begeisterung und Engagement für den Warenbestand des Arbeitgebers allzu intensive Formen annehmen ...

Eine Weinhandlung kündigt einer Mitarbeiterin

Süß & Sauer, Wein-Im- und Export,
Am Glykolbrunnen 11, 45678 Traubingen

Frau
Gesine Lampe
Blaumannsfurt 6
45678 Traubingen

16.1.2015

Kündigung

Sehr geehrte Frau Lampe,

zugegeben, es gab in den letzten Jahren einige Fakten in
Ihrem Berufsleben, die sehr für Ihr Engagement für unsere
Firma, ja geradezu für Ihre Begeisterung sprachen. So waren
stets Sie es, die unsere Produkte über alle Maßen schätzte
und diese Wertschätzung auch durch tägliches aktives Handeln unterstrichen hat. Nicht einmal unsere besten Kunden
kannten alle unsere Weine und ihre Wirkung so gut und aus
eigener Erfahrung wie Sie.

Leider kann ich aber nicht sagen, dass diese Erfahrung
unserer Firma Nutzen gebracht hätte. Sie sind nicht – wie Sie

kürzlich im Zuge eines Ihrer geistvollen Monologe verbreitet haben – zu gut für diesen Job. Dieser Job ist einfach viel zu gut für Sie, denn Sie haben in Ihrer Zeit bei uns zwar etliche Flaschen unserer Weine getrunken, aber noch keine einzige Flasche davon verkauft. Zusammengefasst: Sie müssen noch einiges lernen, aber nicht bei uns. Der nächste Erste ist für Sie der Letzte. Ich bin mir sicher, Sie werden beruflich noch weit kommen. Besser, Sie machen sich schon einmal auf den Weg.

Wir verabschieden uns von Ihnen mit einem herzlichen Wohlsein!

Horst D. Klarwein, Personalchef

Eine Verkäuferin kündigt im Supermarkt

Gerda Drömel, An der Feenwiese 66, 45678 Billigheim

Supergünstig Supermarkt
Inhaber Hermann Kleinschnittger
Marktstraße 7
12345 Billigheim

22.5.2014

Kündigung

Sehr geehrter Herr Kleinschnittger,

zugegeben, Ihr Supermarkt ist superbillig, aber es gibt so ein paar kleine Probleme: Zum Beispiel kann ich es mir mit meinem Gehalt als Halbtagskassiererin nicht leisten, im Supergünstig Supermarkt einzukaufen. Ich habe einen Monat lang Buch geführt und festgestellt, dass ich für alle meine häuslichen Ausgaben mindestens 975 Euro benötige, aber wegen Ihrer Knauserigkeit nur 845 Euro verdiene. Außerdem nervt es mich, dass Sie mich regelmäßig wegen jeder lächerlichen Kleinigkeit schikanieren und häufig in einer Art und Weise anschauen, die an sexuelle Belästigung grenzt. Die Überwachungskamera in der Personalumkleide war doch sicher auch Ihre Idee.

Daher habe ich mich entschlossen, bei Ihnen zu kündigen und im Billigmarkt Bolz auf der anderen Straßenseite anzufangen. Dort verdiene ich 995 Euro im Monat, sodass ich mir den Einkauf bei Ihnen wieder leisten kann. Es wird mir ein besonderes Vergnügen sein, Ihnen als Kundin wegen jeder lächerlichen Kleinigkeit die Hölle heißzumachen. Da wäre zum Beispiel Ihr kleiner, aber regelmäßiger monatlicher Steuerbetrug mit der manipulierten Kasse. Und warum machen Sie eigentlich die Pfandflaschen-Abrechnung immer selbst? Das Gewerbeaufsichtsamt wird sich sicher auch über einen kleinen Hinweis zu den Kakerlaken unter der Fleischtheke freuen. Kündigen können Sie mich ja nun nicht mehr. Ätsch!

Hochachtungsvoll

Gerda Drömel

Ein Verkäufer kündigt im Baumarkt

Max Notnagel, Praktikerweg 35, 45678 Hornbach-Bahr

Spastiker Baumarkt
Personalabteilung
Do-it-yourself-Straße 1
12345 Bohr-Hammerschlag

12. Juni 2014

Kündigung

Sehr geehrte Damen und Herren,

ich habe immer gern für Ihren Betrieb als Verkäufer gearbeitet, stets habe ich meinen Kunden die Funktionsweise von Geräten, zum Beispiel einer Bohrmaschine, erklärt (auch wenn eine Blondine gefragt hat) oder für ihre Projektwoche einkaufenden Schülern die Arbeitsweise von Zweikomponentenkleber erläutert, auch wenn ich im Anschluss etwas zu sehr an meinem Arbeitsplatz klebte. Aber leider musste ich feststellen, dass ich während meiner beruflichen Tätigkeit immer häufiger ungewollt zum Gehilfen krimineller Elemente zu werden drohte. Vor etwa drei Wochen kauften zwei südländisch aussehende Personen bei mir erhebliche Mengen eines schnell abbindenden

Zements, und wenig später las ich in der Zeitung, dass der Inhaber des italienischen Restaurants »La Signora« auf dem Grunde des Stadtwaldsees gefunden wurde – mit Beton-Galoschen. Von da an fragte ich mich bei jeder Gasflasche, die ich verkaufte, ob sie nicht morgen für einen terroristischen Anschlag verwendet werden würde. »Und kann man nicht auch aus Unkrautvernichtungsmitteln Bomben basteln?«, schoss es mir neulich nachts in einem Albtraum durch den Kopf.

Der eigentliche Anlass für meine – vorauseilende – Kündigung war ein Ereignis gerade eben in der Gartengeräteabteilung, über das Ihnen meine Kollegen sicher später noch berichten werden. Als ein ausgesprochen kräftiger, dunkelhaariger Herr eine Motorkettensäge testete und offensichtlich – ich sah es an seinem diabolischen Grinsen – mit dem Gerät zufrieden war, überkam mich eine Art Gerechtigkeitsrausch. Als er dann auch noch fragte, ob das Gerät auch Knochen zerteilen könne, reagierte ich leider völlig unbeherrscht und attackierte den potenziellen Kettensägenmörder zuerst mit dem harten Strahl eines Hochdruckreinigers, warf dann Äxte und Sicheln in seine Richtung und sprühte ihn, der schon besiegt und blutend auf dem Boden lag, schließlich großflächig mit Insektenvernichtungsmittel ein. Zum Abschluss ritzte ich dem widerwärtigen Zombie mit einem Okuliermesser – das hatte er nicht erwartet, haha! – ein Kreuz in die ... leider kann ich jetzt nicht weiterschreiben, weil das in der Zwangsjacke nicht geht ...

Ein Malerbetrieb kündigt
einem Auszubildenden

Malerbetrieb Lackner & Streicher, Industriestraße 25, 12345 Werklingen

Herrn
Berthold Kleckert
Am Quast 13
12345 Werklingen-Hartzheim

11. März 2011

Kündigung des Ausbildungsvertrages

Sehr geehrter Herr Kleckert,

nicht für jede Profession benötigt man Abitur und Hochschul-
studium, und auch im Beruf des Malers und Lackierers halten
sich die intellektuellen Anforderungen in Grenzen. Eigentlich
hatten wir angenommen, dass Ihr Hauptschulabschluss für
eine erfolgreiche Ausbildung ausreichen würde, doch stellen
wir nun mit Erstaunen fest, dass Sie sich wohl nicht über die
Inhalte dieses Berufes im Klaren sind und auch trotz weiterer
Anleitung die Anforderungen nicht erfüllen werden.

Wir hatten Sie beauftragt, das Garagentor unseres Kunden Dr. Gießenkötter nach Reinigung und Grundierung mit
hochwertiger Acrylfarbe hellgrau-matt zu streichen, was Sie

offenbar ablehnten. Ihre dilettantische Version von Salvatore Dalis »Brennenden Giraffen« stieß bei unserem Kunden auf äußerste Verwunderung. Da Sie sich im Nachhinein einsichtig zeigten, hätten wir diese Angelegenheit vergessen können. Doch keine drei Tage später mussten wir zur Kenntnis nehmen, dass Sie nach dem Farbeneinkauf im Großhandel die Kinder eines nahe gelegenen Kindergartens zum Malen mit Fingerfarben aufforderten und den gesamten Farbvorrat auf dem Münsterplatz verteilten.

Schließlich berichtete mir heute unser Meister, dass Sie gestern, statt die aufgetragenen Räumungsarbeiten im Lager zu erledigen, einen unserer Firmenwagen mithilfe von roter, weißer und schwarzer Farbe in einen riesigen Marienkäfer verwandelt haben und ihn zu allem Überfluss auch noch direkt vor der Firmengarage ausgestellt haben. Das brachte das Fass zum Überlaufen und veranlasste uns zur Kündigung des Arbeitsverhältnisses.

Mit Bedauern

Giesbert Lackner

PS: Eben höre ich, dass in der letzten Stunde dreizehn Bestellungen für Marienkäfer-Firmenwagen eingegangen sind. Wären Sie unter Umständen auch mit einer Zusammenarbeit auf freier Ebene einverstanden?

Eine Juwelier-Mitarbeiterin setzt sich ab

<u>Erika Treumann, Hauptstraße 3, 45678 Bad Zickingen</u>

Aurum – Gold & mehr
Rosa-Häschen-Weg 77
12345 Kleingeistingen

1.11.2012

Kündigung

Hallo Chef,

wenn Sie diesen Brief öffnen, werden Sie vermutlich einige
Dinge vermissen, von denen Sie glaubten, dass sie quasi
für immer zu Ihrem persönlichen Lebensumfeld gehören:
die Tasse Kaffee zum Beispiel, die ich jeden Morgen für Sie
gekocht habe und die Sie jeden Morgen mit großem Wohl-
behagen getrunken haben, ohne sich auch nur ein einziges
Mal dafür zu bedanken. Überhaupt haben Sie mich kaum
wahrgenommen in meinen 25 Jahren Tätigkeit für Ihr Haus.
Die sauber geordnete Post auf Ihrem Schreibtisch – das war
einmal, gewöhnen Sie sich daran.

Was Sie noch vermissen werden? Ach ja, das Collier der
Gräfin Ludmilla von Gaggentorff, das Sie mir vor ein paar

Tagen leichtsinnigerweise zur Reinigung und Aufarbeitung übergeben haben. Wie viel Karat, sagten Sie, haben die drei großen Diamanten, die darin verarbeitet wurden? Danach haben mich nämlich die arabischen Interessenten gefragt, mit denen ich morgen irgendwo weit, weit weg über ein hübsches Sümmchen verhandeln werde. Und suchen Sie auch nicht nach dem Rubin-Solitär, den Sie neulich auf dunklen Wegen beschafft haben – ich trage ihn hier bei mir, an meinem Herzen, dort, wo für Sie kein Platz mehr ist.

Auf Nimmerwiedersehen, keineswegs Ihre

Erika Treumann

Eine Verkäuferin macht sich selbstständig

Daniela Dunst, Lange Straße 144, 45678 Sohlingen

Schuhgeschäft Pilz
Alles Gute für Ihre Füße
Wandererring 7
123455 Trittmich-Laufenbach

6.6.2006

Kündigung

Sehr geehrte Frau Pilz,

ich stehe seit nunmehr 24 Jahren in Ihrem Laden und sehe dem Niedergang Ihres Geschäftes zu, denn von Ihrem Konzept eines Schuhladens schlafen einem die Füße ein. Ich habe mir in der Vergangenheit für Sie jeden Tag die Hacken abgelaufen, doch die Kunden haben mit den Füßen abgestimmt und sind zur Konkurrenz gelaufen. Nichts lief in Ihrem Mausoleum der überalterten Fußbekleidung.

Ich habe mich jetzt entschlossen, endlich auf eigenen Füßen zu stehen. Auch wenn Sie glauben, ein eigenes Schuhgeschäft wäre eine Nummer zu groß für mich, mir womöglich Steine in den Weg legen und mich auf Schritt und Tritt mit bösen Wünschen verfolgen werden. Die Welt liegt mir zu Füßen, und ich werde immer wieder auf die Füße fallen. Nein, ich möchte Ihnen nicht auf die Füße treten, doch werde ich mich mit Händen und Füßen wehren, wenn Sie glauben, mir den Boden unter den Füßen wegziehen zu können. Ja, ab morgen sind wir Konkurrenten, ich habe den Laden gegenüber gemietet, und ich bekomme auch keine kalten Füße, wenn ich in den ersten Monaten keinen Fuß auf den Boden bekomme. Das stehe ich durch!

Mit freundlichen Füßen

Daniela Dunst

Eine Mitarbeiterin kündigt beim Drogeriemarkt

Erika Feucht-Tuchmüller, Uns Eck 11, 80637 München-Schlaffing

Drogerie Schnupper
Filiale 33
Saubermannstr. 3
81539 München-Piercing

31.12.2004

Kündigung

Lieber Filialleiter,

hiermit kündige ich meine Anstellung als Mitarbeiterin in Ihrem Droge-
riemarkt zum nächstmöglichen Termin. Kündigungsgrund: Ich kann die
Drogerieprodukte nicht mehr riechen, gleichgültig, ob sie teuer oder billig
sind, ob Naturkosmetik oder synthetischer Brei.

Mittlerweile verbiete ich meinem Ehemann die Nutzung eines Deo-
dorants, weil ich sonst noch im Schlaf annehme, ich befinde mich auf
der Arbeit. An unsere Zahnbürsten im Bad will ich ständig Preisschilder
kleben, und meine Töchter dürfen sich nicht schminken, weil mir sonst
bei ihrem Anblick ständig Werbeslogans einfallen. Von Nahrungser-
gänzungsmitteln bin ich mittlerweile abhängig und gebe dafür etwa ein
Drittel meines Gehalts aus. Es waren meine lieben Kolleginnen, die mich

während der Mittagspausen mit diesem Zeug angefixt haben. Babynahrung, Flaschenwärmer und Windeln verursachen bei mir Panikattacken, ich reagiere nach Attest meines Hautarztes mittlerweile hochgradig allergisch auf Entkalker und Toilettenreiniger. Meiner Katze habe ich beigebracht, draußen in den Garten zu kacken, und ich ernähre sie ausschließlich mit Steaks vom Metzger, weil ich weder Katzenstreu noch Katzenfutter in meinem Haus haben möchte.

All das hätte ich vielleicht noch ein paar Jahre ertragen können, aber mich plagen Mordgedanken, wenn ich Sie, lieber Herr Filialleiter, Ihr debiles Grinsen, Ihre schief sitzende Krawatte sehe und Ihr mit Sicherheit gesundheitsschädliches Aftershave einatmen muss. Sie verwenden es täglich in Mengen, die zur Ausrottung der Asiatischen Tigermücke in weiten Gebieten des riesigen Kontinents ausreichen würden.

Auf Nimmerwiedersehen!

Erika Feucht-Tuchmüller

Eine Textilverkäuferin will selbst
bestimmen, welche Kleidung sie trägt

Antje Machowski, Am Durchblick 16, 45678 Oberschlaubach

KAK Textilien
Personalabteilung
Frau Anwanzer
Billigheimer Straße 333
45678 Oberschlaubach

1.12.2007

Kündigung

Sehr geehrte Frau Anwanzer,

hiermit kündige ich meine Arbeitsstelle als Verkäuferin in der
KAK-Filiale Hottentottenwaldsiedlung zum nächstmöglichen
Termin, weil ich einfach nicht mehr in diesen unsäglichen
KAK-Klamotten herumlaufen will. Es steht aber in meinem
Arbeitsvertrag, dass ich auch in meiner Freizeit nur und ausschließlich Kleidung von KAK tragen darf. Gestern hat mich
ein Sozialarbeiter auf offener Straße angesprochen, ob ich
denn schon Hartz IV kriegen würde. Und kurz darauf hat mich
die Polizei mit ziemlichem Aufsehen in meiner Nachbarschaft
verhaftet, weil ich angeblich Klamotten aus dem Kleider-

container für Afrika geklaut haben soll. Das stimmt aber gar nicht. Das war alles von KAK. Original. So etwas brauche ich nicht.

Hochachtungsvoll

Antje Machowski

Ein IT-Fachmann wäre gern befördert worden

Bertholt Hinz, Monsterweg 11, 56013 Koblenz

Klumpmann & Söhne
Erlesene Weine
Moselufer 13
54470 Bernkastel-Kues

25. Mai 2013

Kündigung

Sehr geehrter Herr Klumpmann,

ich weiß, dass Sie von meiner Arbeit in Ihrem Hause
stets profitiert haben. Meine speziell für Sie entwickelte
Firewall und mein ausgeklügeltes Passwortsystem haben Ihre in Jahrzehnten entstandene Datenbank immer
hervorragend geschützt, vor allem vor dem Zugriff der
Konkurrenz.

Ich hatte gehofft, dass meine diesbezüglichen Leistungen im Laufe dieses Jahres eine Beförderung zur Folge
haben würden, doch leider haben Sie sich in der letzten
Woche entschieden, die Leitung der IT-Abteilung Ihrem
Schwiegersohn Herrn Detlef Deppendorf zu übertragen.

Als ich gestern davon erfuhr, hat diese Information mich innerlich so tief getroffen, dass es bei mir zu einer Hirnschädigung und einer damit verbundenen irreversiblen Amnesie gekommen ist – ich kann mich leider nicht mehr an das gestern von mir geänderte Master-Passwort der Datenbank erinnern. Schlimmer noch: Offenbar wurden so große Hirnregionen geschädigt, dass ich mich bezüglich der Datensicherheit Ihrer Firma überhaupt an nichts mehr erinnern kann.

Sie werden verstehen, dass ich in diesem Zustand meine Arbeit im Sinne Ihrer Firma nicht mehr zufriedenstellend erledigen kann. Deshalb kündige ich vorsorglich zum nächsten Monatsende. Leider kann ich Ihnen auch nicht bei der Einarbeitung Ihres Schwiegersohnes helfen, da mein Arzt mich krankgeschrieben und strengste Ruhe angeordnet hat.

Sollten Sie Schwierigkeiten haben, die Datenbank zu öffnen, um an Kunden- oder Lieferantenadressen zu kommen, werden Sie zu meinem Bedauern feststellen, wie effektiv meine Sicherheitsmaßnahmen greifen. Mein Vorschlag: Wechseln Sie doch einfach die Branche und bauen Sie sich etwas ganz Neues auf.

Mit freundlichen Grüßen

Berthold Hinz

Eine Boutique kündigt einem
heterosexuellen Verkäufer

Boutique Angélique, Detlefstraße 3, 12345 Bochum

Herrn
Hans-Walter Dingelmann
Franz-Hitze-Straße 23
12345 Bochum-Eickel

15.6.2015

Fristgerechte Kündigung

Sehr geehrter Herr Dingelmann,

Sie haben uns über mehrere Jahre mit Erfolg vorgegaukelt, homosexuell zu sein, was Sie als Mitarbeiter unseres Geschäfts in besonderer Weise qualifiziert hat. Nun haben Mitarbeiter unserer Personalabteilung kürzlich Ihrem Facebook-Profil entnehmen können, dass dem offenbar nicht so ist. Online haben Sie Ihren Besuch des Freudenhauses in der Essener Stahlstraße gemeinsam mit anderen, offensichtlich heterosexuell ausgerichteten Männern (»Die geilen Hengste«) dokumentiert. Die wenig geschmackvollen Fotografien belegen Ihre dortige Tätigkeit.
   Nun wollen wir Sie natürlich nicht wegen Ihrer hetero-

sexuellen Ausrichtung diskriminieren, doch erscheint Ihre Tätigkeit bei uns vor dem Hintergrund Ihrer Freizeitaktivitäten mittlerweile in einem anderen Licht, unter anderem auch, weil sich immer wieder Kundinnen beklagt haben, dass in den Umkleidekabinen Ihr Interesse weniger den zu verkaufenden Kleidungsstücken galt als vielmehr der jeweiligen Dame selbst. Auch den auf Ihr Betreiben hin initiierten Service »Anprobe zu Hause« sehen wir mittlerweile trotz des beachtlichen Erfolges in einem anderen Licht. Vermutlich bieten Sie dort Serviceleistungen an, die nicht zum Sortiment unseres Geschäftes zählen sollten.

Wir möchten Sie bitten, unseren Geschäftsräumen künftig fernzubleiben und Ihren Resturlaub zu nehmen.

Mit freundlichen Grüßen

André Chaud, Filialleiter der Boutique Angélique

Wenn die Liebe zu Schuhen zum Verhängnis wird

Siegmund Treter, Abweg 33, 45678 Steppenbach

Vasando
Personalabteilung
Tamara-Danz-Str. 1
10243 Sohlingen

4.10.2015

Kündigung

Sehr geehrte Damen und Herren,

vor meiner Einstellung bei Ihnen hatte ich nicht die geringste Ahnung von meiner Veranlagung. Mittlerweile war ich zwar bereits in Therapie und beim Heilpraktiker, aber ich kann nichts machen: Ich bin verrückt nach Schuhen! Ich kriege die Sache einfach nicht in den Griff. Mittlerweile ist nämlich mein Schuhfetischismus derartig voll ausgebrochen, dass ich mich nicht mehr in der Lage sehe, in der Versandabteilung Ihrer Firma zu arbeiten. Pumps, Stiefeletten, Chucks, Sandaletten und High Heels erregen mich bereits in den ersten Stunden bei der Arbeit, sogar die Worte Ballerinas und Gummistiefel machen mich an, während ich das hier schreibe. Manchmal kann ich wegen meiner Erregungszustände mittags die Kantine nicht aufsuchen, und das, obwohl ich bereits einen Arbeitskittel in Übergröße trage. Bei High Heels und vor allem bei Peeptoes kann ich nicht mehr an mich halten und musste erst neulich vom Auslieferungsband auf die Toilette flüchten. Außerdem plagt mich in so einer Situation immer mein schlechtes Gewissen, weil ich zurzeit in einer sehr zufriedenstellenden Beziehung mit einem Paar original amerikanischer Sneakers lebe.

Ich wünsche Ihnen und Ihrer Firma weiterhin Erfolg, muss mich aber leider von Ihnen trennen. Ich glaube, es ist besser so.

Siegmund Treter

Handwerk und Dienstleistungen

Azubi, Geselle und Meister – alles derselbe Kleister

Sie haben nicht einmal die Hauptschule und schon gar nicht das Abitur geschafft – so weiß es das Vorurteil. Handwerker sind irgendwie blöde, können kein Deutsch, kommen besoffen zur Arbeit, tragen uncoole Klamotten und stellen, wenn sie endlich den Meisterbrief in der Tasche haben, viel zu hohe Rechnungen. Hart ist das Leben des Handwerkers, und das Dienstleisten ist auch kein Zuckerschlecken. Den ganzen lieben Tag lang hämmern und sägen, bohren und verlegen, installieren, kontrollieren und reparieren, und das auch noch in Konkurrenz zu Millionen von Heimwerkern und all den Kollegen aus dem Reich des schwarzen Geldes – das ist nicht jedermanns Sache. Und am Ende bleibt in der Lohntüte auch nur ein jämmerlicher Rest von den 95 Euro, die der Meister pro Gesellenstunde berechnet. Nicht einmal einen Spaß darf man sich mehr erlauben: Wenn der Geselle den Azubi losschickt, um den Kurvenhammer oder das Augenmaß zu holen, droht womöglich Kündigung wegen Mobbings und Diskriminierung von Betriebsangehörigen (Urteil des LAG Sachsen-Anhalt 2000). Es gibt nur zwei Auswege: kündigen oder selber eine Firma gründen …

Ein Sanitärinstallateur lässt sich nicht länger ausbeuten

Wilhelm Zander, Am Tapirbach 12, 45678 Binderheim

Firma Heinzelmann Elektroinstallation
Industrieweg 13
12345 Heimstätten

15.9.2014

Kündigung

Hallo Chef,

heute ist kein guter Tag für Sie, denn ab heute müssen Sie wieder arbeiten, was Sie in den letzten zehn Jahren mit Erfolg vermieden haben. Ich mache jetzt nämlich meine eigene Firma auf, da ich in Ihrem Zwei-Mann-Betrieb (1 Ausbeuter + 1 Handwerker) ohnehin die ganze Arbeit erledigt habe. Ich stand die ganze Zeit unter Strom, und Sie haben auf den Baustellen noch nicht einmal einen Schalter betätigt.

Falls es Sie gewundert hat, dass in den letzten Wochen und Monaten die Aufträge langsam eingebrochen sind – ich habe mir erlaubt, parallel etwas aufzubauen.

Mit freundlichen Grüßen

Wilhelm Zander

Ein Dixi-Klo-Aufsteller kündigt geruchsbedingt

Thorsten Brinklo, Jasminweg 12, 45678 Wildbach-Duften

Firma Läuft & Locker
Am Knick 45
12345 Druckbeuren

29. Mai 2011

Kündigung

Hallo Chef,

mir stinkt es! Seit Monaten karre ich für dich volle und leere
Scheißhäuser durch die Republik, die Kacke steht mir manchmal bis zur Unterkante Oberlippe, ich arbeite nachts und
an den Wochenenden und meine Familie erkennt mich auf
500 Meter am Geruch. Und was machst du? Streichst mir das
Weihnachtsgeld! Redest Dünnschiss über harte Zeiten und
dass es nicht so gut läuft. Und zu Hause lässt du dir heimlich
die Brille vergolden! Vermutlich hast du auch Sekt im Spül-
kasten.
    So einen Scheiß mache ich nicht länger mit! Ich zieh ab!
Jetzt hast du die Kacke am Dampfen!

Thorsten Brinklo

Ein Postbote ist enttäuscht

Heiner Walter Fassbrauser,
Schygullaplatz 112, 45678 Praunheim

Zentrale der Post

Schneckenpostweg 15

12345 Eilstetten

2.6.2013

Kündigung

Sehr geehrte Mitarbeiter der Personalabteilung,

enttäuscht über die geringe Erlebnisqualität
bei der Tätigkeit für Ihr Haus habe ich mich nun
doch entschlossen, in meinem eigentlichen Beruf als Regisseur und Bühnenautor zu arbeiten,
obwohl es schwierig sein dürfte, in diesem Bereich einen meinen Qualifikationen entsprechenden Arbeitsplatz zu finden. Veranlasst zu dieser
Entscheidung sah ich mich durch die zeitraubende
und monotone Auslieferungstätigkeit als Zustel-
ler, von der ich mir mehr versprochen hatte.
Weder stellten sich Erkenntnisse auf einer me-

ditativen Ebene ein, wie es verschiedene Werke
der Literatur und der Filmkunst vermuten lie-
ßen, noch stieß ich auf erotisch aufgeschlossene
Hausfrauen, wenn ich dreimal klingelte.

Man könnte nun glauben, als Postbote liefe
man sich für einen lächerlichen Niedriglohn einfach nur die Hacken ab. Doch gibt es zusätzlich
eine überraschend direkte Komponente von Gefahr
für Leib und Leben, die je nach Einsatzgebiet
variiert. Zunächst war ich in der gemeinhin als
Nachtjackenviertel bekannten Siedlung Sumpfdot-
terweg tätig, wo ich dreimal mein gelbes Post-
fahrrad durch hinterhältigen Diebstahl einbüßte
und in mehrere alkoholbedingte, zum Teil schwere
Schlägereien verwickelt wurde – »Der Müll, die
Stadt und der Tod« live.

Als ich daraufhin auf meinen eigenen Wunsch
in das Villenviertel am Stadtpark versetzt
wurde, machte ich die Bekanntschaft mit mehreren ebenso großen wie zu allem entschlossenen
Wachhunden – »Angst essen Seele auf«, sage ich
Ihnen! Nach meiner Entlassung aus dem Kranken-
haus wurde ich, noch immer im selben Viertel
tätig, mehrfach verhaftet, weil ich versehent-
lich nicht deaktivierte Alarmanlagen ausgelöst
hatte. Geprägt von einer derartigen Kette von
Misserfolgen fiel ich in eine tiefe Depression,
die stationär behandelt werden musste. Meine
Versetzung nach der Genesung in das ländli-

che Kleinödenstedt wirkte sich zwar positiv für
meine Psyche aus, lange Wege durch weite grüne
Landschaften förderten meine innere Ruhe. Nicht
jedoch profitierte meine Wirbelsäule, wegen Unmengen von anzuliefernden Paketen aus dem Onlinehandel laboriere ich nun an meinem dritten
Bandscheibenvorfall. Warum läuft Herr F. Amok
und kündigt gleich? Das ist kein schöner Beruf,
das alles hatte ich mir weitaus positiver vorge-
stellt.

Mit freundlichen Grüßen

Heiner Walter Fassbrauser

Ein Azubi erträgt die Bürokratie nicht

Heiner Wach, Am Grünen Weg 11, 45678 Kreislingen

Grün & Moppel Recycling
zu Händen Herrn Grün
Kompostweg 13
12345 Schmelzlingen-Gärdorf

17.4.2015

Kündigung

Sehr geehrter Herr Grün,

ursprünglich hatte ich vor, etwas für die Umwelt zu tun und
an einer sauberen Natur mitzuarbeiten. Nach nur wenigen
Monaten Tätigkeit habe ich allerdings festgestellt, dass ich
daran mitarbeite, unseren Planeten großflächig mit einer
weiteren Seuche zu überziehen: Bürokratie.

Nein, ich möchte mich künftig nicht mehr mit dem
Kreislaufwirtschaftsgesetz (KrWG) und der EU-Abfallrah-
menrichtlinie (2008/98/EG, AbfRRL) befassen, die Abfallver-
zeichnis-Verordnung, die Altholzverordnung und die Gewer-
beabfallverordnung sollen meine grauen Zellen nicht weiter
zumüllen dürfen. Auch mein Abschlusszertifikat des Fortbil-

dungslehrgangs Fachkunde gemäß § 11 EfbV, § 54 KrWG und § 5 AbfAEV (Aktuelles Abfallrecht und abfallrechtliche Überwachung) und meinen Sachkundenachweis gemäß TRGS 520 zum Umgang mit gefährlichen Abfällen auf Schadstoffsammelstellen und Recyclinghöfen können Sie getrost entsorgen.

Ich entferne mich jetzt rückstandsfrei, Ihr ehemaliger

Heiner Wach

Ein Kundenberater kündigt wegen fehlender Qualifikation

Heinz-Hermann Zweifler, Beethovenallee 3, 76848 Schwanheim

Telekram Zentrale
Personalabteilung
Freizeichen-Allee 6
53111 Bonn

19. September 2014

Kündigung

Sehr geehrte Damen und Herren,

seit nunmehr zwölf Monaten bin ich in der telefonischen Kundenberatung mit derselben Erfolgsquote wie meine Kollegen tätig, doch leide ich unter einem inneren Konflikt, der mich zwingt, diesem Zustand ein Ende zu machen. Ich bin von der Ausbildung her Musikpädagoge und habe eigentlich nicht die geringste Ahnung von Kommunikationstechnik, konnte dieses Defizit aber gut tarnen, indem ich wie schon im Einstellungsgespräch Worte aus der Telekomsprache wie NTBA, Splitter, LTE, ISDN, Accesss Point, Dect, DHCP, Upstream und Downstream, Eumex, Hotspot und IP-Adresse benutzte und mit ihnen völlig sinnfreie Sätze bildete, die weder ich noch der

Kunde am anderen Ende der Leitung verstanden. Bei besonders hartnäckigen Anrufern schob ich die auftretenden Fehler immer auf die Firewall oder das Virenschutzprogramm des Kunden und kam damit erstaunlicherweise jedes Mal durch, ja, ich sollte sogar zum Abteilungsleiter befördert werden und Schulungen abhalten. Da ich aber mittlerweile nachts nicht mehr schlafen kann, unter schweren Schuldgefühlen und Panikattacken leide und starke Beruhigungsmittel nehmen muss, habe ich mich entschlossen, diese Scharade zu beenden und zu kündigen.

Weil ich Sie in den letzten Wochen telefonisch und auch online per E-Mail nicht erreichen konnte, sende ich Ihnen meine Kündigung wie früher schriftlich zu und hoffe, dass die Post nicht gerade wieder streikt.

Mit Bedauern

H.-H. Zweifler

Ein Freudenhaus hält an der Kündigung
seines Hausmeisters fest

Harem Home Sauna Club, Lustheide 233. 45678 Pöppingen

Herrn
Georg Lauschepper
Beate-Uhse-Platz 15
12345 Quickingen

9. September 2014

Ihr Antwortschreiben auf Ihre Kündigung vom 6.9.2014

Sehr geehrter Herr Lauschepper,

es trifft zwar zu, dass es in gewissen Bereichen branchenüblich ist, die Angestellten einer Firma an den hergestellten Produkten in Form einer Naturalienzuwendung zu beteiligen. Doch gibt es natürlich gewisse Unterschiede zwischen dem sogenannten Freitrunk oder Haustrunk in einer Brauerei und den Dienstleistungen an Ihrem Arbeitsplatz als Hausmeister in unserem Club. Es stehen Ihnen selbstverständlich keine regelmäßigen kostenlosen Wellnessbehandlungen durch die Damen unseres Hauses zu, die Sie in den letzten Wochen erstaunlich exzessiv in Anspruch genommen haben. Ihre Auskunft auf Nachfrage nach Bezahlung (»Ziehen Sie's von der Miete ab!«) führte zu erheblichen Einnahmeeinbußen, die wir nicht zu akzeptieren gewillt sind. Auch die Rechnungen der von Ihnen konsumierten Getränke sind noch offen. Wir erwarten die umgehende Begleichung Ihrer Schulden.

Auch dass Sie sich für kleinere Reparaturen in den Apartments zusätzlich zu Ihrem Gehalt in Naturalien haben bezahlen lassen, widerspricht dem Arbeitsvertrag, in dem ausdrücklich festgelegt ist, dass Sie keine Sonderleistungen über Ihr Einkommen hinaus annehmen dürfen.

Selbstverständlich erhalten wir die einmal ausgesprochene Kündigung aufrecht. Falls Sie diese als ungerechtfertigt ansehen, steht Ihnen der Weg zum Arbeitsgericht offen.

Mit freundlichen Grüßen

Zacharias Udo Hälter
Harem Home Sauna Club

Ein Pfarrer kündigt wegen schlechtem
Image der katholischen Kirche

Hilmar Hinlanger, Herz-Jesu-Platz 18, 12345 Geistingen-Himmelreich

An das Bistum
Personalbüro
Dreifaltigkeitsstraße 3
12345 Geistingen-Himmelreich

10.03.2016

Kündigung

Sehr geehrte Herren,

schon von früher Kindheit an fühlte ich mich als Priester berufen, und die Ausübung des Berufes selbst, Messen, Predigten und die seelsorgerischen Dienste, haben mich immer ausgefüllt und zutiefst befriedigt. Die jüngsten Entwicklungen in der katholischen Kirche allerdings betreffen mich auf eine besonders unangenehme Weise, was vermutlich auch mit der psychischen Struktur meiner Person zusammenhängt – ich bin eben etwas empfindsam. Irritierend und unerträglich finde ich folgende Faktoren meines alltäglichen Lebens:

Immer wieder beobachte ich Menschen, die mit Fernrohr und Digitalkamera in den Garten des Pfarrhauses eindringen und die

Inneneinrichtung meiner bescheidenen Wohnung fotografieren. Sogar durch das enge Badezimmerfenster wurden Aufnahmen gemacht, wohl in der Hoffnung, eine goldene Badewanne abzulichten. Auch erhalte ich Unmengen Werbepost von Herstellern überteuerter Designermöbel und dienstfertigen Innenarchitekten.

Ganze Pfadfindertrupps wechseln die Straßenseite, wenn ich ihnen zufällig begegne. Früher wurde ich mit einem fröhlichen »Guten Tag, Herr Pfarrer!« begrüßt, heute höre ich geflüsterte Sätze wie »Das ist der böse schwarze Mann, mit dem dürft ihr nicht mitgehen!«

Durch eine fehlgeleitete E-Mail wurde ich kürzlich darauf aufmerksam, dass sich der Kirchenchor bei einem einschlägigen Anbieter im Internet mit Keuschheitsgürteln ausgestattet hat.

Meine 63-jährige Haushälterin berichtete mir, dass sie nach beiläufiger Auskunft über ihre berufliche Tätigkeit Sätze zu hören bekommt wie »Haushälterin beim Pfarrer? Na, na, na, du scharfe Nudel!«.

Der Herr im Himmel wird verstehen, dass ich unter solchen Bedingungen nicht weiter ein Mann der Kirche sein mag.

Mit freundlichen Grüßen

Hilmar Hinlanger

Automobilbranche

Die Cash Cow mit vier Rädern

Wir Autofahrer kaufen, leasen oder finanzieren, stehen im Stau, werden geblitzt, ärgern uns über zu hohe Benzinpreise und fehlende Parkplätze, aber die Branche lebt gut von uns: Ihr Goldesel oder zu Neudeutsch ihre *Cash Cow* hat vier Räder und bevölkert gleich zu Millionen Exemplaren Deutschlands Straßen. Über 720.000 Arbeitsplätze hängen direkt oder indirekt vom Auto ab. Traumjobs?

Lustig geht es zu in der Kraftfahrzeugwerkstatt, könnte man meinen, wenn der Meister den Azubi bittet, die Hubraumbeleuchtung zu überprüfen oder die Kolbenrückholfeder zu schmieren. Wenn der Azubi dann Geselle geworden ist und immer noch auf so blöde Scherze hereinfällt, könnte man an Kündigung wegen Leistungsmängeln eines sehr leistungsschwachen Mitarbeiters denken, für deren Beseitigung keine anderen Mittel zur Verfügung stehen (Urteil des Bundesarbeitsgerichts aus dem Jahr 2003).

Aber es ist halb so schlimm, wenn man mal rausfliegt – man findet sicher irgendwo in den Werkshallen der Autoindustrie einen neuen Job. Schlechter sieht es allerdings aus, wenn die nicht humanoide, vollelektronische Konkurrenz im Spiel ist …

Ein Designer kündigt bei Raudi

Designbüro Luigi Mozzicone, Villa Cabanossi, I-45678 Sulprezzo

Raudi AG
Konzernzentrale
85045 Ingolstadt

12.12.2009

Kündigung

Sehr geehrte Damen und Herren,

im Auftrag von Herrn Luigi Mozzicone kündige ich den
Vertrag über eine Zusammenarbeit im Bereich Design zum
nächstmöglichen Termin.

Herr Mozzicone lässt ausrichten, dass die Art und Weise,
wie in Ingolstadt mit seinen Entwürfen umgegangen wird, ihn
verärgert, ja regelrecht sprachlos macht. Seine inspirierte Idee
für den neuen Q13 wurde als allzu überbordend, ja geradezu
barock verworfen, seine innovative Sichtweise des Hecks beim
neuen Quattro für deutsche Verhältnisse als zu »wollüstig«
abgelehnt, und das, obwohl Herr Mozzicone mehrere internationale Designpreise für das Heck des Alfa Romeo Sinner
Aerodinamica erhalten hat, darunter den renommierten Prix

Grand âne und den begehrten Buen Fondo aus der Hand von Juniper Lopez.

Da Herr Mozzicone das Gefühl hat, Perlen vor die Säue zu werfen, schlägt er Ihnen vor, künftig auf die weitere Mitarbeit von Designern zu verzichten und stattdessen bei der Gestaltung Ihrer neuen Modelle einfach ein Stück Seife geeigneter Größe mit Rädern zu versehen.

Im Auftrag

Dr. Hans Bauhäussler, Diplom-Designer

Ein Kraftfahrzeugmeister kündigt beim Autohaus

Helmut Zwölfer, Hauptstr. 122, 12345 Pimpen-Randesheim

Autohaus Stefan Hudler
Am Schrottplatz 225
12345 Pimpen

15.6.2015

Sehr geehrter Herr Hudler,

weil ich Ihre Machenschaften nicht weiter unterstützen will, kündige ich meinen Arbeitsvertrag vom 26.3.1995 zum nächstmöglichen Termin.

Mir ist zwar klar, dass gewisse verwandtschaftliche Beziehungen zu Ihrem Bruder Andreas als Schrottplatzbetreiber Ihnen als gute Möglichkeit erscheinen, prima Geschäfte zu machen. Hauptaufgaben meiner Tätigkeit für Sie waren daher in den letzten Monaten das Überspachteln von Rostlöchern, der Einbau minderwertiger Ersatzteile aus Fernost und die Rückstellung sechsstelliger Tachometerzahlen mittels Bohrmaschine oder Computer. Doch gebe ich meinen guten Namen nicht mehr dazu her, Rostlauben als »exzellente Gebrauchtwagen« oder »vom Meister geprüfte Klassiker« zu Überpreisen zu verkaufen. Das kann ich auch auf eigene

Rechnung – und noch besser als Sie. Ich freue mich, Sie zur Eröffnungsveranstaltung meines Unternehmens »Zwölfers klassische Automobile« am 1.7.2015 in der Schlossstraße 13, Pimpen-Zentrum, ab 10:00 Uhr einzuladen, und bedanke mich für all die großartigen Fähigkeiten und Kenntnisse, die ich in Ihrem Hause erwerben durfte.

Mit freundlichen Grüßen

Helmut Zwölfer

PS: Übrigens habe ich Ihrem Bruder einen Wunsch erfüllen können, den Sie ihm immer abgeschlagen haben: Wir haben einen schriftlichen Liefervertrag über die regelmäßige Abnahme von »hochwertigen Gebrauchtwagen« geschlossen. Ich soll Sie auch von ihm grüßen.

Staatsdienst

Beamte haben lebenslänglich.

Beamte erwachen jeden Morgen oder auch mal bei einem Nickerchen zwischendurch in dem sicheren Bewusstsein, dass ihnen niemand ihren Arbeitsplatz wegnehmen kann, es sei denn, sie begingen ernste berufliche oder moralische Verfehlungen und nähmen zum Beispiel an einer Verschwörung gegen den Staat teil, der ihr Dienstherr ist. Eine solche Aktion ist ihnen aber ohnehin viel zu anstrengend. Ansonsten sind sie unkündbar, oder anders betrachtet: Sie haben lebenslänglich. Jedoch besteht auch für sie die Möglichkeit, aus dem Dienst auszuscheiden, wenn ihnen der Dienstherr oder ein Vorgesetzter allzu sehr auf die Füße tritt. Und getreten wird gerne in diesem Berufsstand, meist von oben nach unten.

Alsdann wären da noch die Staatsdiener zweiter Klasse, all die Angestellten, denen aus Kostengründen die Segnung einer Verbeamtung versagt geblieben ist und die jetzt irgendwo im kafkaesken Hierarchielabyrinth des staatlichen Arbeitgebers feststecken. Glücklich darüber sind die meisten von ihnen sicher nicht. Ob beamtet oder nur angestellt – viele Staatsdiener sind per se sauer auf Gevatter Staat und ziehen eine Kündigung durchaus in Betracht wie zum Beispiel der folgende Ordnungshüter …

Ein Verkehrspolizist kündigt wegen Falscheinsatz

Reinhold Nietlinger, Am Grenzberg 17, 45678 Kleinhausingen

Oberste Polizeibehörde
Kleinhausingen
Hinterm Hohen Zaun 11
12345 Großhausingen

12.7.2013

Kündigung

Sehr geehrte Damen und Herren,

hiermit quittiere ich meinen Dienst und meine Anstellung als
Beamter auf Lebenszeit zum nächstmöglichen Termin bzw. ich
bitte Sie in aller Form um die Entlassung aus dem Polizeidienst
wegen fehlender Eignung, wie Sie es mir nahegelegt haben.

Seit meiner Beschwerde wegen Mobbings gegen die Kollegen Wichler und Rühm (sie hatten mir Senf in die Dienstwaffe
gefüllt, meinen Gummiknüppel durch einen Dildo ersetzt und
mein Reizgas gegen Haarspray ausgetauscht) wurde ich von
Ihnen nicht mehr für den Streifendienst eingeteilt, sondern
ausschließlich für die Arbeit in Kindergärten und Schulen sowie
für den Verkehrskindergarten abgestellt.

Dies war eine Tätigkeit, die ich immer gern ausgeführt habe, doch sprechen Sie mir nun zu meinem Bedauern die dazu notwendige Qualifikation ab. Dabei nehmen Sie mir sicher übel, dass ich im letzten Jahr vier Monate krankgemeldet war, weil mir Kinder mit dem Dreirad über die Füße gefahren sind. Dafür konnte ich aber wirklich nichts, die lieben Kleinen sind ja so etwas von schnell ... Auch für die Massenkarambolage von 32 Kindern, 28 Fahrrädern, einem Fahrradständer, einem Aufsitzrasenmäher und einem Schulbus bin ich nur bedingt verantwortlich, weil ich die genaue Rennstrecke nicht präzise gekennzeichnet hatte und leider auch vergessen hatte, die Batterie in meiner Lieblingskelle auszuwechseln, sodass die STOPP-Lampe nicht leuchtete.

Ich hatte gehofft, Sie würden an anderer Stelle eine Beschäftigung für mich finden, zum Beispiel im Archiv. Doch der Betriebsrat teilte mir gestern mit, dass dies leider nicht möglich sei, weil ich während meiner vorangegangenen Ausbildung bei der Feuerwehr bereits mehrfach im Verdacht stand, an Brandstiftungen beteiligt gewesen zu sein.

Obwohl ich meine Tätigkeit für Sie nur ungern beende, fasse ich diesen Schritt auch als Chance auf. Meine Bewerbung für den Verfassungsschutz ist bereits unterwegs. Ich denke, die brauchen Männer wie mich.

Hochachtungsvoll

Reinhold Nietlinger

Ein Finanzbeamter wechselt die Seiten

Robert R. Hund, Am Galgenberg 56, 45678 Mehringen

An die Oberste Finanzbehörde Mehringen
Herrn Oberamtsrat Jäger
Kreishaus
45678 Mehringen

23.7.2014

Kündigung

Sehr geehrter Herr Jäger,

ich erlaube mir heute einmal diese lockere Ansprache und
verzichte auf den Oberamtsrat, weil Sie schon bald nicht mehr
mein Dienstherr sein werden. Sie verlieren dadurch Ihren
besten Mitarbeiter, der in den letzten Jahren Millionen und
Abermillionen an eigentlich verlorenen, weil sonst hinter-
zogenen Steuergeldern für das Finanzamt eingetrieben hat.
Sie werden, sicher auch zu Ihrem Bedauern, auf ihren launi-
gen Scherz gegenüber zahlungsunwilligen Kunden – »Wenn
Sie nicht zahlen, dann lässt der Jäger den Hund von der
Kette!« – verzichten müssen, denn die Kollegen, von denen
mich vermutlich einer oder eine ersetzen wird, heißen Falter,

Vogel und Wurm, und die dürften auch ohne Kette nieman-
den erschrecken.

Ich werde mit meiner künftigen Tätigkeit durchaus in der
Branche bleiben, der Mehrmann-Konzern, eine Ihrer besten
Geldquellen, hat sich entschlossen, mich für ein fürstliches
Gehalt als Steuerminderungshelfer einzukaufen. Wir werden
also bald gegeneinander antreten und die Paragraphen kreu-
zen.

Mit freundlichen Grüßen

Robert R. Hund

Ein Bundeswehrsoldat kündigt wegen falscher Vorstellungen vom Beruf

Max »Payne« Paulsen, Theodor-Börner-Kaserne,
Möneburg, Aufklärungskompanie 617

Ursula von der Leyen

Verteidigungsministerin

Bundesministerium der Verteidigung

Stauffenbergstraße 18

10785 Berlin

11.12.2014

Kündigung und Beschwerde

Hi Uschi,

als ich tief in meinem Innern den Call of Duty hörte und
mich zum Bund meldete, dachte ich an Action pur: unter-
haltsame Straßenkämpfe gegen Zombies, Heuschrecken,
Russen und andere Monster, immer bessere Waffen,
großartige Eroberungszüge sowie Ruhm und Ehre. Doch
nix Modern Warfare, dafür jeden Tag Panzer putzen und
im Heidekraut rumkriechen – ohne Waffe! Und auch noch
diese Wochenenden in der Kaserne: Borderlands und Dead
Space hoch drei! Larry Laffer Impossible, so was von tot

das Nest! Weder Lara Croft noch Gordon Freeman getroffen, nix Crysis 2, noch nicht mal 1! Und als wir neulich mit Niko Bellic die Provinzhochburg hier aufgemischt haben, so wie in »Grand Theft Auto IV«, hatte ich sofort die Feldjäger am Arsch und saß im Knast. Und da sitze ich immer noch. Am liebsten würde ich hier den Duke Nukem machen und den Laden in die Luft jagen, sonst mache ich noch wegen Langeweile den verfrühten Abgang.

Hol mich hier raus, mach was, Uschi!

Max »Payne« Paulsen

PS: Weißt du eigentlich, dass sie dir in »Star Wars: The Force Unleashed« ein Denkmal gesetzt haben? Juno Eclipse, die ehemalige imperiale Pilotin der Spezialeinheit Black Eight, sieht dir echt so etwas von ähnlich ...

Eine BND-Agentin hat sich ihren
Job aufregender vorgestellt

Bettina Noffke, Tarnname »Nina No«,
Günter-Guillaume-Weg 33, 10678 Berlin

Bundesnachrichtendienst
Zentrale
Chausseestraße 96
10115 Berlin-Mitte

16.4.2014

Kündigung meines Dienstverhältnisses

Sehr geehrte Damen und Herren,

irgendwie hatte ich wohl zu viel über Mata Hari und Anna
Chapman, die Agentin »ooSex«, gelesen, als ich mich vor einigen Monaten für die Mitarbeit beim Nachrichtendienst bewarb.
Im Schatten der Großen und Mächtigen dieser Welt agieren,
geheime Verschwörungen enttarnen, Attentate verhindern und,
ja, wenigstens alle paar Wochen mal die Demokratie, wenn
nicht gleich den ganzen Planeten retten – so hatte ich mir das
gedacht.
     Nun gewinne ich aber den Eindruck, dass das Agentenleben
alles andere als aufregend und abenteuerlich ist – das ist ja

nichts weiter als ein beschissener Bürojob! Man sitzt sich den ganzen Tag über nur am Schreibtisch den Hintern breit und nichts passiert, weil die NSA ohnehin schon alles ausgeforscht hat. Die männlichen Kollegen, coole Agenten in Maßanzügen, vor Testosteron strotzend? Irrtum, langweilige Bürohengste Typ Stromberg für Arme. Die Kolleginnen, männermordende Vamps mit der 38er im Strumpfband? Alles blöde Gänse, und ihre gefährlichste Waffe ist die Fliegenklatsche.

Sicher verstehen Sie jetzt, weshalb ich Sie zum nächsten Ersten verlassen werde. Keine Angst, die ganzen Geheimnisse, die ich in meiner Dienstzeit erfahren habe, wo zum Beispiel die Kaffeefilter in der Agentenküche versteckt sind und das Passwort für den Hausmeister-Laptop behalte ich für mich. Von mir erfährt keiner etwas!

Mit freundlichen Grüßen

Nina No

PS: Ich habe mich übrigens beim FBI beworben, die Abteilung für rätselhafte Fälle. Darüber sieht man die tollsten Berichte im Fernsehen. Ich hoffe, die haben eine Stelle frei.

Eine Standesbeamtin kündigt,
um sich frei zu entfalten

Martina Gutezeit, Rote-Rosen-Weg 3, 8881 Bichlheim

Gemeinde Bichlheim
Personalabteilung
Herrn Herbert Hartholzer
Fürstenhofstraße 11
8881 Bichlheim

6.7.2013

Kündigung meines Dienstverhältnisses

Sehr geehrter Herr Hartholzer,

leider muss ich Ihnen heute mitteilen, dass ich die mir gestellte Aufgabe
nicht weiter ausüben kann und daher aus dem Beamtenverhältnis ausscheiden möchte. Begründung: Meine Tätigkeit bei Eheschließungen oder
der Besiegelung von Lebenspartnerschaften befriedigt mein Bedürfnis
nach Romantik in keiner Weise. Der gewisse »feierliche Rahmen«, in dem
Eheversprechen und Ringwechsel erfolgen, entbehrt nicht einer behörden-
mäßigen Verstaubtheit, und mein kreatives Potenzial kann ich in der
kurzen Ansprache zu diesem Anlass nicht ausleben. Daher habe ich mich
entschlossen, mich als Hochzeitsplanerin selbstständig zu machen, um
künftig Hochzeiten am Strand, via Satellit, arktische Trauungen im Eis-

hotel oder Rock-'n'-Roll-Vermählungen mit Elvis-Imitat, Harley-Weddings, Fallschirm-Hochzeiten, Zombie-Vermählungen für Gothic-Paare und Hochzeits-Dinner in Tropfsteinhöhlen zu planen und dabei ganz und gar die Vorlieben der betreffenden Paare in den Mittelpunkt zu stellen.

Soweit ich weiß, sind auch Sie noch Single, und es würde mich freuen, Sie zu meinen ersten Kunden zählen zu dürfen. In Ihrem speziellen Fall würde ich – die Verfügbarkeit einer Braut und künftigen Ehefrau vorausgesetzt – zu einer Beamtenhochzeit mit Trauung in der ältesten Abteilung des Stadtarchivs mit Ärmelschonern, Locherkonfetti, sexueller Belästigung der Trauzeugen und Tastaturorchester raten. Musikalisch steht außerdem der »Chor der klagenden unteren Dienstgrade« zur Verfügung. Das Hochzeitsmahl könnte kostengünstig in der Kantine des Finanzamtes eingenommen werden.

Mit freundlichen Grüßen

Martina Gutezeit

Bildung und Erziehung

Schule ist ja ganz nett, nur die Lehrer stören

Vom Kindergarten bis zur Hochschule: Im Bereich Bildung und Erziehung finden sich Berufe für Menschen, die der übrigen Menschheit etwas zu geben haben, die ihre Werte an die nachfolgenden Generationen weitergeben möchten und so ihren Teil zu einer besseren Welt beizutragen hoffen – eine schöne und erbauliche Aufgabe!

Das Problem dabei: Die nachfolgenden Generationen lehnen das Angebot dankend ab. Oder noch nicht einmal dankend. Mehr noch: Eigentlich finden Schüler die Schule ja ganz nett, eine ideale Plattform für soziale Kommunikation und gelegentlichen Drogenhandel, nur die Lehrer stören ständig. Auch gegen eine Existenz als Student oder Studentin ist wenig einzuwenden, wären da nicht diese ständigen Vorlesungen, Seminare, Klausuren und Prüfungen, vorangetrieben von Dozenten und Professoren.

Wen wundert es, dass unter solchen Umständen unter den Lehrenden die Begeisterung von Berufsanfängern schnell in massive Frustration umschlägt, dass aus Enthusiasmus im Laufe der Zeit bitterer Sarkasmus wird und ein schier unüberwindlicher Kündigungswunsch heranreift?

Aber nicht nur die Lehrenden haben ihre Probleme mit dem alltäglichen Einerlei …

Eric, 6 Jahre, will zurück in die Kita

Absender: Eric, über das Wochenende bei Opa und Oma

An die
Schulbehörde
Hartmut-von-Hentig-Platz 1
12345 Eselsbrücken

Lieber Chef von der Schulbehörde,

ich schreibe einen Brief, obwohl ich eigentlich noch gar nicht schreiben kann, aber das hat mein Opa mit der Schreibmaschine für mich gemacht. Und er hat gesagt, ich soll den Brief an den Chef von der Schulbehörde schreiben.

Seit gestern muss ich in diese Grunzschule gehen oder wie die heißt. Die finde ich ziemlich doof, weil da sind so wenig Bauklötze, und einen Sandkasten und Töpfchen auf dem Klo haben die auch nicht. Und nicht ein einziges Mal haben die gegrunzt am ersten Tag! Sie haben versucht, mich mit einer Tüte voller Süßigkeiten in diese doofe Schule zu locken, aber so doof bin ich auch nicht. Ich habe sie mit Mäusespeck beworfen, die Schokolade habe ich aber gegessen.

Außerdem ist Frau Erlenköter nicht da, meine Gruppenleiterin, und ohne die muss ich immer weinen, wenn ich alleine bin. Die neue Lehrerin ist eine Schreckschraube, wie Papi sagen

würde, so eine Dicke mit einer riesigen Brille, und der Hausmeister von dieser Schule hat einen großen Hund, der mich
angebellt hat, und ziemlich hungrig hat er auch ausgesehen.
Deshalb gehe ich da morgen nicht mehr hin, obwohl Opa meint,
ich sollte es noch mal versuchen. Will ich aber nicht. Ich gucke
lieber mal, ob die mich wieder in den Kindergarten reinlassen.

Grüße

Eric

Ein Professor für Psychologie wehrt sich gegen falsche Beschuldigungen

Dr. Georg von Grüthen, Rilkeweg 3, 45678 Bad Schwafeln

An das Dekanat der
Primus-von-Quack-Universität
12345 Quickborn-Queckenbach

7.4.2014

Kündigung

Sehr geehrte Damen und Herren,

über die vom Fakultätsrat ausgesprochene Abmahnung vom 3.4.2014 gegen meine Person empört, kündige ich meine Tätigkeit für die Primus-von-Quack-Universität fristlos. Ihre Vorwürfe, ich hätte zum einen durch meine Tätigkeit den Tatbestand der Begünstigung erfüllt, zum anderen meine Pflichten als Hochschullehrer in sträflicher Weise missachtet, weise ich mit aller Entschiedenheit zurück.

Zu den einzelnen Vorwürfen gegen mich:

Ich habe meine Lebensgefährtin Ann Gina Mösner
in ihrer Abschlussprüfung vom 12.2.2014 keineswegs ungerechtfertigt bevorzugt. Die von mir
vergebene Note 1, summa cum laude, hat sie sich
in zahlreichen, weit über übliche Seminar- und
Vorlesungstätigkeit hinausgehenden Aktivitäten
verdient.

Ich habe keineswegs in den Seminarräumen
der Universität »ausschweifende Orgien«
abgehalten, wie mir unterstellt wird, auch
wenn hin und wieder kleinere unbekleidete Grup-
pen in leicht alkoholisiertem Zustand in den
Räumen der Universität gesichtet wurden. Ein
Professor ist grundsätzlich frei in der Ausübung von Forschung und Lehre, und meine For-
schungsprojekte »Das orgiastische Potenzial in
Kult und Alltag – Zur Psychologie des Dionysos
und des Dionysischen in Mythos und Literatur«
sowie »Der weibliche Körper als Projektions-
feld männlicher Fantasien in den darstellenden
Künsten« lassen entsprechende Forschungen in
der Praxis angeraten erscheinen, auch wenn dem
kleingeistigen Fakultäts- oder Fachbereichsrat
dafür das Verständnis fehlt. Dementsprechend
habe ich auch keine Gelder der Hochschule für
Sekt und Kaviar verschwendet, sondern nur die
für meine Forschung notwendigen Materialien
beschafft.

Zu Ihrem letzten Vorwurf, ich hätte die Abhängigkeitssituation speziell von Prüfungskandidatinnen ausnutzt und zum Beispiel bestimmte Arbeitsgruppen mit Verweis auf die Benotung zur Vorführung von »Schleiertänzen« in leichter Bekleidung gezwungen und sie somit sexistisch diskriminiert, ist nicht richtig. Auch die männlichen Seminarteilnehmer mussten in derselben Art und Weise tätig werden, um eine entsprechende Benotung erzielen zu können, auch wenn das in manchen Fällen auf der Seite der Lehrenden, salopp gesagt, Augenkrebs verursachen konnte. Eine genderbezogene Diskriminierung liegt also nicht vor.

Mit freundlichen Grüßen

Dr. Georg von Grüthen

Ein Schüler kündigt die Schule

Kewin Hofffmann, Schuhlstr. 44, 456 Blädingen

Konrat-Duhden-Schule
an dem Diräktor
Götestraße 244
4665 Blähdingen

11.2.2012

Kühndigunk

Ser geehrter Herr Diräktor,

weil ich bei sie so gut wie nix gelernt hab, melde ich mich so-
foat von den Unterricht ap. Dem Laden stinkd mir. Außer dem
tragen di Lärer imma die falschen Klamoten und nerven mit
Hausaufgam und son Scheiß, echt asi. Ich wärt jetz Fusspall-
profie und wenn das nich klapd kann ich imma noch haazen.

Kanz mich ma!

Kewin

Ein Grundschullehrer fühlt sich hilflos

Thorsten Hingsen, Klafkistr. 77, 45678 Rath-Losingen

An die Obere Schulbehörde
Nervstr. 15
12345 Groß-Hilfingen

23. Januar 2014

Sehr geehrte Damen und Herren,

bitte entschuldigen Sie meinen etwas saloppen Ton, aber ich bin mit den Nerven ziemlich am Ende. Nach meinem Studium sagte ich mir: Mach Grundschule, Thorsten, da schiebst du einen lauen Lenz. Keine Klassenarbeiten korrigieren, du musst nur auf ein paar kleine Kinder aufpassen, alles niedliche und kreative i-Dötzchen! Ha, habe ich gedacht, das wird lustig!

Und dann habe ich diese Klasse übernommen, ohne auch nur im Geringsten zu ahnen, was da auf mich zukommt: Zuerst war es ein Haufen von völlig verklemmten Minispießern, die sich auf dem Schulhof freiwillig in einer Reihe aufstellten und mich mit »Guten Morgen, Herr Lehrer!« begrüßten. »Lassen wir doch die Förmlichkeiten, ich bin der Thorsten, ihr könnt ruhig du sagen!«, habe ich zu ihnen gesagt, und damit fing alles an. Nun, nach vier Wochen bestem sozialintegrativem Unterricht und drei freien Kunstprojekten ohne das lästige Schulstundenraster und mit ausgiebiger kreativer Selbstbeschäftigung wird mir klar, dass ich mit dieser Klasse, von der ich mir das Beste erwartet hatte, wohl ausgesprochenes Pech gehabt habe. Anders kann ich mir das alles nicht erklären.

Langsam gewinne ich einen Eindruck des Gefahrenpotenzials, das rätselhafterweise in meinen i-Männchen und i-Weibchen schlummert. Man kann richtig Angst kriegen. Morgens begrüßen Sie mich jetzt schon viel persönlicher, zum Beispiel mit Sätzen wie »Na, Thorsten, altes Sackgesicht!« oder »Hey, Lehrer, hasse ma'n Euro?«, und aufstellen auf dem Schulhof tun sie sich auch nicht mehr, gut so. Aber jeden Tag wird mir klarer: Irgendwas läuft hier falsch. Ich kann mir im Unterricht die Seele aus dem Hals schreien, die hören gar nicht mehr auf mich, die wollen wohl gar nichts lernen und schon gar nicht zu freien, selbstbestimmten Menschen heranwachsen! Das ist keineswegs eine harmonische Gruppe entzückender Kuschelbärchen, sondern ein wild um sich furzender und rülpsender Haufen von Miniaturverbrechern, die sich gegenseitig Haare ausreißen, gegen Schienbeine treten, überall hemmungslos pinkeln, während des gesamten Unterrichts jauchzen, grölen und mit Gegenständen werfen und mir in den Pausen mit Unschuldsmiene derart abgefahrene Witze erzählen, dass ich hin und wieder vor Scham erbleiche, etwa in dieser Art: »Bist du der Sohn vom Ziegenficker? Näää-näääää!«

Verzweifelt und mit Bitte um baldige Entlassung

Thorsten Hingsen

Eine Kindergärtnerin kündigt wegen Wahrnehmungsstörungen

Ilka Buddelheimer, Montessoriweg 65, 45678 Gruppach-Singen

Kindergarten Sankt Paulus
zu Händen Frau Leitheuser
Am Sandkasten 45
12345 Gruppbach-Singen

15.10.2013

Kündigung

Sehr geehrte Frau Leitheuser,

leider muss ich Ihnen mitteilen, dass ich nicht weiter im Kindergarten Sankt Paulus arbeiten kann. Das frühpädagogische Konzept hat derart intensiv von meinem Leben Besitz ergriffen, dass es mich erhebliche Anstrengungen kostet, in meinem Alltag mit Erwachsenen auf einer Ebene zu kommunizieren. Sobald ich aber spontan auf meine Umgebung reagiere, verfalle ich in Verhaltensweisen, die mir doch sehr zu denken geben. Als neulich der Postbote ein Paket brachte, begrüßte ich ihn mit einem Freudentanz und rief sehr zu seiner Verwunderung begeistert aus: »Ein Paket, ein Paket! Hurra, wir bekommen ein Paket!«
  Neulich im Fitnessstudio wollte ich meine Freundin zu einem Stuhlkreis überreden und war stinksauer und habe mit den Füßen

aufgestampft, weil das mit nur zwei Personen nicht ging. Ich habe erst aufgehört zu quengeln, als mir der Inhaber des Studios einen Lutscher schenkte. Meine Freundin hat sich fast krankgelacht, und sie hat es meiner Mutter erzählt, die alte Petze!

Zum 85. Geburtstag habe ich meinem Vater ein Tier aus Eicheln und Kastanien gebastelt, und abends im Bett wollte ich voller Begeisterung mit meinem Mann »Backe, backe Kuchen« spielen statt ... – Sie wissen schon –, was nun wiederum ihn sehr verwunderte.

Nein, so kann es nicht weitergehen, ich war ein böses Kind ... Da, schon wieder. Nein, da gehe ich nicht mehr hin, ihr seid alle richtig blöde ...

Ilka

Eine Nachhilfelehrerin kündigt ihrem Schüler

Nachhilfe vom Feinsten, Lotta Lempel,
Größerer Umweg 15, 45678 Randstetten

Familie Dr. Raschke
Heinz-Hermann-Protzer-Weg 1
12345 Villen an der Fettlebe

12.7.2011

Kündigung meiner Tätigkeit als Nachhilfelehrerin

Liebe Familie Raschke, insbesondere lieber Herr Dr. Raschke,

auch wenn es in Ihrer näheren und weiteren Verwandtschaft
bisher nur Akademiker gibt, unter deren Abschlüssen an an-
erkannten Universitäten im In- und Ausland jeweils noch ein
»summa cum laude« vermerkt ist, so muss ich Ihnen zu meinem Bedauern dennoch mitteilen, dass Ihr Sohn Ladislaus
unter einer besonderen Form von ADHS (= arrogante doppelt
hausgemachte Selbstüberschätzung, nämlich von seinen
Eltern) leidet. Er ist weder vom Unterricht unterfordert noch
hindert ihn ein Minderwertigkeitskomplex an der vollen
Ausübung seines geistigen Potenzials. Ihr Sohn hat keinen
Minderwertigkeitskomplex und auch kein irgendwie gearte-

tes Potenzial. Statt meinen Ausführungen zu folgen, bohrt er in der Nase oder spielt mit Körperteilen, die ich hier und auch sonst irgendwo nicht in den Mund nehmen möchte.

Da es bei Ihren finanziellen Möglichkeiten kein Problem sein dürfte, kompetente Dissertationen, brillante Bachelor-Klausuren und überragende Doktorarbeiten an entsprechender Stelle im Internet zu erwerben, hängen Sie vielleicht der irrigen Ansicht nach, diese bewährte und viel praktizierte Verfahrensweise gelte auch für eine bindende Gymnasialempfehlung. Jedoch ist dies nicht möglich. Der gangbare Weg für eine solche pädagogische Festlegung führt über eine bedeutende, zumindest sechsstellige Spende an den jeweiligen Privatschulträger. Damit wären die Probleme des kleinen Ladislaus ja geklärt und Sie brauchen mich nicht weiter.

Ich möchte Sie aber auf einen Passus im Kleingedruckten des Nachhilfevertrags aufmerksam machen, in dem es heißt: »Sollte es zu einer Beendigung der Unterrichtstätigkeit, aus welchen Gründen auch immer, vor Schuljahresabschluss kommen, so wird eine Konventionalstrafe in Höhe von 500.000 € an den Nachhilfelehrer fällig.« Falls Sie diesen Passus wegen Ihrer eigenen Lese-Rechtschreib-Schwäche nicht bemerkt haben sollten, so kann ich darauf leider keine Rücksicht nehmen. Vertrag ist Vertrag. Ich bitte um Überweisung auf mein unten angegebenes Konto.

Stets gern wieder zu Diensten

Lotta Lempel
Diplompädagogin und Betriebswirtschaftlerin

Ein Schüler will das Gymnasium wechseln

Dennis Zock, Platinenweg 13, 45678 Memoringen

Martina-Montessori-Gymnasium
Herrn Direktor Novalis Steiner
Nirvanastr. 1
12345 Gestringen

6.6.2016

Kündigung

Hi, Herr Direktor,

aus Sorge um meine spätere berufliche Zukunft kündige ich hiermit meine Mitgliedschaft in Ihrem Institut – ich werde das Gymnasium wechseln. Der Grund dafür liegt nicht unbedingt im pädagogischen Konzept Ihrer Schule. Man kann eigentlich einen lauen Lenz schieben und trotzdem das Abitur bekommen, denn übermäßig gefordert wird man durch den angebotenen Unterricht nicht. Außerdem lernt man lustige Dinge, nein, nicht seinen Namen tanzen, aber ähnlich wichtige Befähigungen. Walther von der Vogelweide zum Beispiel ist echt ein unterhaltsamer Freak, und die Theorie von den morphogenetischen Feldern bietet für das Fach Biologie mal ganz was Neues, wo doch sonst nur Genmanipulation betrieben wird.

Was mich aber auf die Palme bringt und letztlich zu meinem Entschluss getrieben hat, ist der Informatikunterricht. Da kriege ich Krämpfe. Die zuständige Studienrätin, Frau Dr. Schlicht-Fröhlich, die, wie ich hörte, als Einzige dazu bereit war, überhaupt dieses Fach zu unterrichten, hält den Monitor für den Computer, HTML für eine sexuell übertragbare Krankheit, die Datenübertragung über WLAN für eine Variante der Telepathie, und sie kann Office und Windows nicht voneinander unterscheiden. Jede Unterrichtsstunde ist besonders lehrreich, aber manchmal geht gar nichts: Erst gestern fragte sie mich, ob ich BASIC spreche, und ich solle ihr doch endlich mal die ANYKEY-Taste zeigen. Besonders toll finde ich auch, dass wir einen – in Zahlen: 1 – Schulcomputer haben, und der ist sogar schon mit einem Pentium-4-Prozessor ausgestattet.

Falls es Sie interessiert, wechsle ich zum Konrad-Zuse-Gymnasium, eine Schule mit einem Server-Netzwerk, das sowohl PCs, Macs und Linux-Rechner unterstützt als auch die Einbindung von Terminalservern und Thin Clients ermöglicht und über spezielle Funktionen zur Integration eigener Notebooks verfügt.

So long,

Dennis

Medien und Werbung

Irgendwas mit Medien ...

Nach ihrem Berufswunsch gefragt, antworten junge Menschen in diesen Tagen recht häufig: Irgendwas mit Medien … Viele junge Menschen finden das Segment für ihre Berufswahl sehr anziehend, weil dieses Berufsfeld zum Beispiel im Fernsehen ausgesprochen attraktiv dargestellt wird. Coole Menschen tun coole Dinge für ein cooles Gehalt. Leider stellen Berufsinteressenten bereits im Laufe ihrer ersten Tätigkeitswochen sehr häufig fest, dass nichts an ihrem Job cool ist, sondern dass in der Branche ein kalter Wind weht und ihre Erwartungen völlig naiv und überzogen waren. Die Wirklichkeit ist am besten beschrieben, wenn man sich einen Esel vorstellt, vor einen Karren gespannt, mit einer Möhre an einer Angel vor der Nase, die er fleißig trabend zu erreichen sucht. Umgesetzt in die schillernde Welt der Medienschaffenden: Materiell arme und psychisch abgehetzte Menschen erledigen in der Hoffnung auf eine spätere Karriere idiotische Jobs zu schlechtester oder überhaupt ohne jede Bezahlung. Da hilft nur eins: Kündigen, ihr Esel! Denn wer dies nicht selbst erledigt, könnte nach einer Weile feststellen, dass in kaum einer Branche die Fluktuation so groß ist wie im Bereich Medien und Werbung, wie zum Beispiel der folgende Mitarbeiter …

Eine PR-Agentur kündigt einem Mitarbeiter

PRima Agentur »Das bessere Konzept«,
Marschall-McLuhan-Weg 6, 45678 Brandneustadt

Herrn Siegfried V. Sager
Kriechgasse 88
45678 Brandneustadt-Altenheim

16. März 2017

Lieber Herr Sager,

wie Sie sicher wissen, lebt unsere Firma von ihren Visio-
nen und von der Vorstellungskraft ihrer Mitarbeiter, eine
Art kollektiver mentaler Anstrengung, an der Sie sich in
letzter Zeit leider nicht mehr beteiligen konnten. Dennoch
ist es uns jetzt gelungen, eine neue visionäre Dimension
zu erreichen. Unsere neue, großartige gedankliche Leis-
tung: Bisher konnten wir uns unsere Firma nie ohne Ihre
Mitarbeit vorstellen – aber ab morgen wollen wir es versuchen. Zugleich freuen wir uns, Ihnen mitteilen zu können,
dass nunmehr Ihrer eigenen beruflichen Entwicklung und
damit verbunden Ihrem eigenen Aufbruch zu neuen Ufern
nichts mehr im Wege steht – Sie sind für neue, außer-

ordentlich bedeutende Aufgaben freigestellt oder, wie es unser Personalchef sagen würde: mit sofortiger Wirkung fristlos entlassen.

Mit freundlichen Grüßen

Phil Käsmüller, Agenturleiter

Ein Art Director geht, bevor die
Werbeagentur untergeht

Mark Enfan, Adidas-Allee 66, 45678 Trondheim-Trendheim

Werbeagentur »Elan & Elite«
zu Händen Tina Topp-Müller
Im Niedergang 9
12345 Klein-Geistigheim

26. Mai 2013

Termination

Hi, Frau Topp-Müller,

wenn ein Schiff sinkt, sollte man rechtzeitig von Bord gehen, um nicht mit in die Tiefe gerissen zu werden. Negative Trends muss man rechtzeitig erkennen, sonst werden sie zur Mausefalle. Ich kündige deshalb mein Arbeitsverhältnis mit Ihrer Agentur zum nächstmöglichen Termin.

   Die Gründe dafür: Zu eurem Portfolio gehören die falschen Marken, die In-Kunden wandern ab, ihr arbeitet mit dem falschen Computersystem (Igitt, PC!), euer Benchmarking gegenüber Mitbewerbern ist jämmerlich, von einer Full-Service-Agentur seid ihr jeden Tag weiter entfernt. Die Pitches, um die ihr euch bewerbt, sind die falschen, und ihr kriegt nur solche Jobs,

119

die sonst keiner will, denn eure Claims und Slogans öden nicht nur mich an. Deshalb: Grüße auch an den Insolvenzverwalter, sprecht allen Versagern in der Firma mein Mitgefühl aus!

Weiterhin angenehmen Niedergang!

Mark Enfan, Ex-Art Director

PS: Die Praktikantin aus der Grafik kommt mit mir. Sie leistet auf ihrem Gebiet Hervorragendes.

Eine Werbeagentur kündigt einem Kreativen

Agentur »Von drauß vom Walde«, Erfolgsweg 1, 45678 Villariba

Herrn Arnd Leuchter
Am Schlosspark 11
12345 Frankfurt-Leuchtheim

10.03.2016

Kündigung

Hallo, Herr Leuchter,

offenbar haben Sie nicht recht begriffen, welche Leistungen unser Kunde von unserer Agentur erwartete, als er uns bat, die Corporate Identity seiner Kette von Nachtlokalen unter dem Namen »Wunderbar« zu überarbeiten, welche in der letzten Zeit beachtliche Umsatzeinbußen zu beklagen hatte. Sie sollten den Relaunch der Kette mit einer geeigneten Kampagne in Angriff nehmen, um auf einem gesättigten Markt neue Aufmerksamkeit zu erreichen, ein Vorgehen *above-the-line*, also Anzeigen in Zeitungen und Zeitschriften, Plakatwände und Spots in Film, Funk und Fernsehen sollten erreichen, dass potenzielle Kunden mit der Marke ein neues, cooles Image verbinden.

Allerdings scheiterte dieses Vorhaben bereits in den Anfängen, weil der Kunde Ihre Vorschläge für einen neuen Markennamen für lächerlich und geradezu absurd hielt. Ihre Argumentation, man müsse provozieren, irritieren, ja sogar aufwühlen, wenn der Markenname sich als neuer Claim durchsetzen solle, machte die Sache nur noch schlimmer. Auch die Geschäftsführung meint, dass Namen wie »Unsinkbar«, »Unüberhörbar«, »Nichttolerierbar«, »Auswechselbar« und »Nachrüstbar« in keiner Weise für ein Nachtlokal geeignet sind und alles andere erreichen würden, als Passanten zwingend in das Lokal zu führen.

Auf ein solches Versagen reagieren wir reizbar, Sie sind keineswegs unverzichtbar. Da Sie also auf der ganzen Linie gescheitert sind, kündigen wir den Vertrag mit Ihnen fristlos und juristisch unangreifbar.

Hochachtungsvoll

Andreas von Schnittenschlein
Geschäftsführung Agentur »Von drauß vom Walde«

Ein Schauspieler kündigt seinem Agenten

Aribert Döderlin, Max-Reinhardt-Platz 25, 45678 Miesbach-Sonderlingen

Antonius von Knippenstett
Agentur für darstellendes Spiel
Thaliastraße 111
45678 Miesbach-Sonderlingen

16. August 2011

Kündigung, und zwar sofort!

Sehr geehrter Herr von Lippenstift,

ja, ich erlaube mir diese Anrede, weil Ihr Adelstitel vermutlich genauso falsch ist wie die Referenzen, mit denen Sie auf Ihrer Internetseite www.steilnachoben.de begabte Nachwuchsschauspieler in die Falle locken. Nun zähle ich nicht zu diesen, ich, der ich bereits mit meiner selbst verfassten Komödie »Romeo und Julia im Strandkorb« auf allen Bühnen Westerlands Erfolge feierte und der ich den Faust am Theater Erlangen und sogar mehrfach am Volkstheater Miesbach-Sonderlingen gab. Doch wussten Sie über Dilettant nichts aus dieser meiner Reputation zu machen, ich habe Ihnen über nunmehr fünf Jahre ein völlig überhöhtes Salär in Ihren geldgierigen Rachen geworfen. Welche Gegenleistungen haben Sie dafür erbracht, Herr von Treppenwitz? Drei lächerliche

Angebote, eines wie das andere meiner nicht würdig! Den Tchibo-Kaffeeexperten sollte ich geben, als der bisherige Darsteller auf rätselhafte Weise im honduranischen Dschungel verschwand. Lachhaft, wie auch die Offerte, Dr. Best zu einem neuen, größeren Charakter aufzubauen. Keine Aufgabe für einen Mann meines Ranges! Und Ihr letztes Angebot, meine sonore Stimme dem Bandwurm Paddy oder der transsexuellen Kolibakterie Rita in dem neuen Pixor-Trickfilm »Helden, die im Dunklen leben« zu leihen, beleidigte mich auf eine Weise, die mich zu dieser Kündigung veranlasste.

Sie haben mich zutiefst enttäuscht, mir fast die Hoffnung genommen, ich stehe vor dem Nichts. Doch wie sagt es der Dichter? Ein tiefer Fall führt oft zu hohem Glück.

Aribert Döderlin, Schauspieler

Ein ewiger Komparse kündigt seine Agentur

Ernst Grothe alias Etienne Ascendente,
Am Lichtspiel 2, 45678 Groß-Rauskommen

Agentur Kultfilm
Eva von Einwickler
John-Wayne-Weg 54
12345 Lang-Abzocken

1. Januar 2001

Kündigung

Liebe Frau Einwickler,

hiermit kündige ich den mit Ihnen geschlossenen Vertrag vom 12.7.1995 fristgerecht zum selben Datum dieses Jahres. Der Grund für meine Kündigung liegt auf der Hand: Weder hat mir der von Ihnen empfohlene Künstlername Etienne Ascendente irgendeine Aufmerksamkeit in den Medien beschert, noch konnte ich mich durch die von Ihnen vermittelten Rollen als Schauspieler weiterentwickeln.

So kann es nicht weitergehen: Ich habe mich insgesamt 35 Mal als Indianer, Mexikaner oder Vulkanier erstechen, erschießen, mit einer Laserwaffe wegbrennen oder in die Luft sprengen lassen. Ich wurde dreimal von einem Bus überrollt, von einem Meteoriten getroffen und mehrfach von Dinosauriern und Zombies zerfleischt, ohne mich der von Ihnen versprochenen tragenden Rolle auch nur im Geringsten zu nähern. Ja, da wären noch meine Sprechrollen: Ich habe einmal an einer Straßenbahnhaltestelle »Die Bahn ist schon weg!« sagen dürfen sowie in einem anderen Film »Er war schon tot, als ich ins Zimmer kam«. Ich legte alle Möglichkeiten meiner Stimme in diese Rolle, jedoch ohne weiteres Engagement oder einen sonstigen Erfolg.

Ihren ständigen Hinweisen, mein Misserfolg hinge mit meiner körperlichen Konstitution und meiner sprachlichen Artikulation zusammen, kann ich nur entgegenhalten: Arnold Schwarzenegger war auch Österreicher, und ich bin eben ein Sachse, nu ei verbibbsch! Und Ihren ständigen Vorhaltungen gegenüber meiner Figur halte ich entgegen: Danny de Vito und John Goodman haben es auch zu etwas gebracht. An mir liegt es also nicht.

Angesichts dieser desolaten und aussichtslosen Situation habe ich mich nun zu einer Theaterkarriere entschlossen – Sie werden von mir hören!

Mit freundlichen Grüßen

Manuel Quadflieg (mein neuer Künstlername)

Ein Fernsehzuschauer hat die einseitige Programmgestaltung satt

Manfred Mustermann, Am Durchschnitt 11, 45678 Irgendwo

An die Programmdirektoren
aller öffentlich-rechtlichen und
privaten Fernsehsender

12.11.2016

Offener Brief und symbolische Kündigung

Meine Damen und Herren,

Sie überfordern mich. Gerade noch habe ich mit Dr. Häuschen
die wildesten Diagnose-Marathons durchlitten, an mir selbst
die verschiedensten Symptome festgestellt und schalte ent-
kräftet um, da sauge ich auf dem nächsten Kanal schon blutige
Bilder aus der Notaufnahme auf wie ein Vakuumschlauch im
Operationssaal, begleitet von genausten Informationen über
die Beziehungs- und Ehekrisen des Klinikpersonals. Im weiteren Verlauf eines Fernsehabends nehme ich auf verschiedenen
Sendern an Operationen am offenen Herzen teil, durchleide mit
zu Tode geschwächten Patienten üble Virusinfektionen, werfe
einen Blick auf volle Bettpfannen, offene Knochenbrüche und
Hirntumore, denke daran, einfache Operationen an Familien-

mitgliedern auszuprobieren, und fürchte mich vor rätselhaften Krankheiten aus finsteren Urwäldern. Ich desinfiziere nach einer solchen Sendung im Kampf gegen das Killervirus meinen gesamten Wohnbereich sorgfältig und mehrfach und nehme mir vor, künftig beim Fernsehen einen Mundschutz zu tragen. Nur die Werbepausen empfinde ich als angenehm unterhaltend, ja geradezu erholsam wie eine Rekonvaleszenz. Nur abschalten ist noch angenehmer, und genau das tue ich jetzt.

Mit besten Genesungswünschen

Manfred Mustermann

Ein Sternekoch kündigt einen Vorvertrag

Jean-Jaques Plemeau, Rue Bocuse 11, 12345 Mühlhausen

Zweites Deutsches Fernsehen ZDF
ZDF Neo
z. H. Nicola Wespewald
Redaktion Kochsendungen
55100 Mainz

12.3.2017

Kündigung eines Vorvertrages

Chère Mme. Wespewald,

vielen Dank für unser erfreuliches Abendessen neulich im »bon gusto«, Kollege Aurelio Espositos hat sich wieder einmal selbst übertroffen, Auch unser Gespräch über eine neue Koch-Show habe ich als angenehm und sehr kreativ empfunden, jedoch stieß ich auf unüberwindbare Schwierigkeiten, als ich abends zu Hause über den jetzigen Stand des Kochens im Fernsehen recherchierte. Mon Dieu, da gibt es 2 Mann für alle Gänge, Das große Backen, Das perfekte Dinner und Das perfekte Promi-Dinner, das DAS! Wunschmenü, Echt lecker!, das Fast Food Duell, Frisch gekocht, ganz & gar, die offenbar kannibalistische

Show Grill den Henssler, Hensslers Küche, herzhaft & süß, Hessen à la carte, Iss jetzt!, Iss was?!, Jamie at Home, Jamie Olivers Familien-Weihnachten, Jamie's Great Italian Escape, koch was draus, Kochen bei Kerner, Kochen mit Freunden oder mit Martina und Moritz, die Kochkunst, die Kochprofis – Einsatz am Herd, Die kulinarische Weltreise, Küchenchefs und Küchenklassiker, Küchenkönigin, Küchenschlacht, L wie Lafer, Lafer! Lichter! Lecker!, Lanz kocht, LEAS KochLUST, Lecker aufs Land, Oliver's Twist, Polettos Kochschule, Promi-Kocharena, Rachs Restaurantschule, Sarah und die Küchenkinder, Schmeckt nicht, gibt's nicht, Schuhbecks, Sommerküche, Sweet and Easy – Enie backt, The Taste, Tim Mälzer kocht!, Topfgeldjäger, Tortenschlacht ... Wo bitte soll sich meine Kochshow da einordnen? Und wer soll das alles essen?

Angesichts dieses Überangebots komme ich zu dem Schluss: So viel? Das kann ja nur Fastfood sein. Ohne mich, ma chère, auch wenn ich da etwas unterschrieben habe! Betrachten Sie diesen Vorvertrag als gegenstandslos – vielleicht kann ich Sie zur Entschädigung mal in mein Restaurant in Alsace einladen?

Sincèrement Jean-Jaques

Eine Wetterfee kündigt wegen Wahrheitsliebe

Helga Holle, Jörg-Kachelmann-Platz 4, 12345 Wolkenstedt

Kanal 13 – Ihr Sonnenschein-Sender
z. H. Gunnar Blumenschein
Programmdirektion
56789 Frankfurt-Bonamies

24.10.2018

Kündigung

Sehr geehrter Herr Blumenschein,

mir ist schon klar, dass sich Ihr Sender bemüht, alles
Unangenehme von seinen wenigen Zuschauern fernzu-
halten – nein, nicht in den Nachrichtensendungen, aber
zumindest, was das Wetter betrifft. Gleich in meiner ersten Woche in Ihrem Hause wurde mir erklärt, dass es die
Werbekunden überhaupt nicht mögen, wenn ihnen das
Konsumklima durch schlechte Voraussagen für das Wo-
chenendwetter verwässert wird und in den Geschäften
die Kunden ausbleiben. Deshalb habe ich mich jetzt viele
Monate an Ihre Direktive gehalten, freitags stets geradezu
euphemistisch in das Wettergeschehen eingegriffen und

auch vor massiven Regenfronten nur eine lockere Bewöl-
kung vorhergesagt.

Allerdings habe ich dabei die Folgen für unsere Zuschauer
unterschätzt, musste aber am vergangenen Samstag am eigenen Leibe erfahren, was ich da eigentlich anrichte. Mir wurde
nämlich mein brandneuer Porsche Boxster direkt vor meiner
Haustür von einem »leichten warmen Nieselregen« fortge-
spült, den ich wenige Stunden zuvor selbst für das Wochenende vorhergesagt hatte. Nun erwarte ich die nachfolgende
»kühle Brise aus dem Osten mit ein paar lustigen Flocken«,
vermutlich ein veritabler Schneesturm der Kategorie 5, den
ich ebenfalls in so beschönigender Weise prognostiziert habe.
Unter dem Eindruck dieser Erfahrungen schreibe ich schnell
diese Kündigung, bevor ich mich im Supermarkt mit den
nötigen Vorräten für ein paar Wochen versorge, denn der
Kollege Yogi Rangeshwar hatte der Wissenschaftssendung für
Samstag oder Sonntag möglicherweise »ein wenig vibrieren-
den Boden unter unseren Füßen« angekündigt, vermutlich ein
schweres Erdbeben.

Etwas in Eile

Helga Holle, Ex-Wetterfee

Eine Viva-Moderatorin kündigt

Taniya Trent, Kreuzberger Damm 45, 4567 Bärstadt

Viva
Personalabteilung
Enie van de Meiklokjes-Weg 3
123456 Berlin-Bokelberg

5.9.2016

Kündigung

Eigentlich wollte ich immer bei einem Musiksender arbeiten,
aber jetzt steige ich aus. Warum? Die Konkurrenz wird mir
einfach zu hart. Da gibt es Ladys mit waffenscheinpflichtigen
Harpyienstimmen, nicht unähnlich der des madegusischen
Steppenhuhns in einer Panikattacke, und mit heftig gestörter
Motorik. Außerdem sind sie in der Lage, spontan rhetori-
schen Sondermüll in ein Mikro zu entleeren – das schaffe ich
so nicht. Sie heißen Gülcan, Heidberte, Asuman, Charlotte,
Sieglinde, Berta oder Sarah-Lara, neigen zur Hysterie und
wirken von Natur aus geistig und motorisch etwas gehan-
dicapt und sind tätowiert. Ich bin auch nicht bereit, Bücher
über meine eigenen Slipeinlagen zu schreiben. Ich will auch
nicht mehr unentgeltlich Werbung machen für Klamotten von

Amor & Psyche, Bench, Boxfresh, Cunda, Castro, Converse, Dickies, EdHardy, Emu, Frenchchurch, Franklin and Marshall, FriisCompany, Gsus, Ellesse, Flipflop, Ichi, KSwiss, Kuyichi, Lin, Lee, Lejaby, Levis, Marc O' Polo, Mavi, Mazooka, Miss Sixty, Nolita, Pilgrim, Replay, S.Oliver, Tom Tailor, Hooch, Sabotage, Scotch, Sessun, Take Two, Tally Weil, Traffic People, Via Uno und Replay, deren Firmennamen mich als Trendsetterin ausweisen und die ich natürlich auswendig daherplappern müsste, wenn ich den Job weitermachen wollte.

In den sozialen Netzwerken bekomme ich Nachrichten und E-Mails mit immer denselben sechs Wortvarianten (»Moderatorin, ich finde dich voll cool!« – »Ich will so sein wie du!«), aber auch weitaus unterhaltsamere Angebote von Vollzeit-Onanisten und eindeutige finanzielle Offerten von 65-jährigen Perversen mit Kohle.

Außerdem weiß ich nicht, ob ich in dreieinhalb Wochen noch im Trend liegen werde – ein beunruhigendes Gefühl, von dem ich mich jetzt befreie. Ich bin raus.

SU – oder auch nicht

Taniya Trent

Ein Zeitungsleser möchte mehr positive Nachrichten

Frank-Wilhelm Lüdemann,
Morgenröteweg 12, 45678 Heilhofen-Süd

Frustinger Tageblatt

Abonnentenverwaltung/Redaktion

Prophetenplatz 99

45678 Heilhofen

15.6.2014

Kündigung meines Abonnements
»Frustinger Tageblatt«

Sehr geehrte Damen und Herren,

ich hatte mir einiges erhofft, als ich Ihre Tageszeitung abonnierte. Zum einen erwartete ich,
durch ihre Lektüre ein immer gut informierter
Bürger zu sein, zum anderen hatte ich auf Erbau-
ung und intellektuelle Unterstützung auf meinem
nicht ganz einfachen Lebensweg gehofft. Doch
was finde ich vor, wenn ich morgens meine Zeitung aus dem Briefkasten geholt und sie auf dem
Frühstückstisch aufgeschlagen habe? Nicht nur

Raub, Mord und Erpressung im Kleinen – ich
blicke schwarz auf weiß in einen Sündenpfuhl
voller Sexorgien, illegaler Bereicherung,
Steuerhinterziehung, Begünstigung, politischer
Intrige und Vetternwirtschaft. Offenbar beherr-
schen die Journalisten Ihres Blattes die Technik
der Recherche nicht so recht, denn sonst würden
sie auch auf die eine oder andere positive Nach-
richt stoßen, die es ja geben muss – irgendwo …

Jedenfalls bin ich nicht länger gewillt, mir
jeden meiner Tage durch die morgendliche Lektüre
Ihres Blattes vermiesen zu lassen. Ich erwarte
von meiner Tageszeitung, wie bereits oben an-
gedeutet, Positives, Aufbauendes, Nachrichten,
die zu mir sagen: »Ja, Frank-Wilhelm, es lohnt
sich zu leben und jeden Tag wieder in die Klär-
anlage Am Mückenstich zu gehen, um dort die
Hinterlassenschaften deiner Mitmenschen umwelt-
freundlich zu entsorgen.« Scheiße habe ich dort
genug – da brauche ich nicht auch noch jeden Tag
Ihr Druckwerk.

Hochachtungsvoll

Frank-Wilhelm Lüdemann

Pflege und Gesundheit

Heilung durch einen scharfen Schnitt

Gesund zu bleiben ist nicht immer ganz einfach, aber wer krank wird, kämpft nicht nur auf einem einzigen Kriegsschauplatz. Verletzungen durch Unfälle oder Infektionen durch Bakterien und Viren sind dabei nicht die größte Gefahr. Jeder Arztbesuch ist ein juristischer Akt, jedes angewandte Medikament kann körperlich wie rechtsmedizinisch schlafende Hunde wecken; überhaupt bietet jede Behandlung das Potenzial für Konflikte und Katastrophen, und das nicht nur aufseiten der Patienten.

Nicht immer kann ein junger Arzt warten, bis Gras über eine gewisse Sache – seinen Patienten – gewachsen ist, manchmal muss man sich auch schon während der Inkubationszeit aus dem Staub machen, noch gerade eben rechtzeitig, bevor die ersten Symptome auftreten. Es kann schon sinnvoll sein, vorausschauend zu handeln und die eine oder andere apokalyptische Entwicklung durch eine rechtzeitige Kündigung zu verhindern. Vorbeugen, so weiß der Mediziner, ist besser als heilen, auch wenn es um ein gesundes Konto geht …

Ein Arzt kündigt der Krankenkasse

Dr. H. Unger-Tüchler, Arzt für Allgemeinmedizin,
Pestalozziweg 17, 45678 Hinterwald

Caruvita Krankenkasse

Theuerstraße 3

12345 Groß-Kotzingen

5.6.2015

Kündigung

Sehr geehrte Damen und Herren,

da mein Klempner mir für Reparaturen im Haus 65 € in der Stunde
berechnet, kann ich es mir leider nicht mehr leisten, als Allgemein-
mediziner für die Krankenkassen zu arbeiten.

Ich erhalte für die Behandlung eines Patienten pauschal
22 €, gleichgültig, wie oft er mich in einem Quartal (drei Monate!)
besucht, und gleichgültig, wie viel Zeit ich für seine Beratung und
Behandlung aufwende. Mich belasten beruflich aber folgende
Kosten: Lohn und Lohnnebenkosten für die Arzthelferinnen und
die Praxisreinigung, Praxismiete, Abzahlungen für medizinische
Geräte und die Praxis-IT, die Berufshaftpflicht, laufende Kosten für
medizinisches Material, der Ärztekammerbeitrag, unterschiedliche

Versicherungen, das für Hausbesuche notwendige Auto, Beiträge für den zentralen Notdienst usw. Hinzu kommen private Kosten wie die eigene Krankenkasse (teuer, da ich ja selbstständig bin), die Rentenkasse, Miete für das Wohnhaus, Versicherungen, Kindergartenbeiträge (immer der Höchstsatz, Ärzte sind ja Besserverdiener), Berufsunfähigkeitsversicherung usw. Nach meinem Abitur mit der Durchschnittsnote 1, einem Jahr Wartezeit auf einen Studienplatz, zehn Semestern Studium, einem praktischen Jahr, sechs Jahren Facharztausbildung und einem Jahr als Notfallmediziner verfüge ich in etwa über denselben finanziellen Spielraum wie der Pförtner in Ihrem Versicherungspalast.

Ich habe mich deshalb entschlossen, künftig entweder nur noch Privatpatienten zu behandeln oder Klempner zu werden. Dazu rate ich übrigens auch meinem Sohn.

Mit freundlichen Grüßen

Dr. H. Unger-Tüchler

Eine Schwesternschülerin hat sich die Arbeit in der Klinik anders vorgestellt

Lisa Schnepf, Schnellmerkener Pfad 33, 45678 Täuschingen-Oberdorf

Aerocastrum-Kliniken
Personalabteilung
Himmelfahrtsweg 1
12345 Deftig-Hinlangen

11.10.2013

Kündigung

Sehr geehrte Damen und Herren,

hiermit kündige ich meinen Ausbildungsvertrag fristgerecht zum Jahresende.

Ich bin dermaßen enttäuscht von der Arbeit in der Klinik. Ich musste den ganzen Tag malochen, Essen verteilen, Töpfe mit ekligen Sachen leermachen und ständig hat irgendwer an meiner Kleidung herumgemeckert, bloß weil ich etwas mehr Ausschnitt gezeigt habe. Das war aber sowieso für die Katz, denn die Assistenzärzte sehen alle beschissen aus und sind, glaube ich, arrogante Arschlöcher, weil sie nicht ein einziges freundliches Wort mit mir geredet haben, sondern immer nur »Jetzt mach mal!« oder »Komm in die Gänge!« oder »Die Patienten warten!« gesagt haben. Von den Oberärzten ganz zu schweigen. Überhaupt: Was sind denn das für Ärzte? Die Patienten sterben ihnen weg wie die Fliegen, kaum einer wird gerettet, und die paar, die es lebend aus der Klinik schaffen, können noch froh sein.

Ich durfte noch nicht mal in den Operationssaal und mir ansehen, wie sie mit diesen coolen Elektroschockern einen Patienten wieder lebendig machen. Bei den meisten Patienten hätte sich das ohnehin nicht gelohnt, die sind fast alle halbtot oder uralt, liegen nur genervt in ihren Betten oder jammern rum oder wollen, dass man ihnen alles hinterherträgt. Kein einziger hat mich angelächelt oder gesagt: »Schwester, Sie sind aber eine großartige Schwester, ohne Sie wäre ich längst gestorben!«.

Ich habe mich am Schluss in die Notaufnahme versetzen lassen, weil ich dachte, Emergency Room, wenigstens gibt es da etwas Action. Fehlanzeige! Keiner fuchtelt mit den Armen, keiner schreit rum, keine Hektik, alles Langweiler! Weil ich gerufen hab: »Geht das nicht etwas schneller, Frau Doktor Hirnbichler, hier stirbt ein Mensch!«, haben sie mich in die Wäscheabteilung versetzt, Betten neu beziehen. Dabei war das überhaupt nicht böse gemeint, sondern in aller Freundschaft.

Krankenschwester werden? Ohne mich!

Lisa Schnepf

Eine Altenpflegerin kündigt …

Bettina Jung, Jedermannweg 13, 45678 Stillbach

Seniorenzentrum Abendstern
Geschäftsführung
Herrn Scheffler
Am Friedhof 9
12345 Erben-Zulangen

11.12.2015

Kündigung

Sehr geehrter Herr Scheffler,

ich habe nunmehr 16 Jahre für Ihr Haus gearbeitet und
dank Ihrer Person Einblick in alle Abgründe der Altenpflege
erhalten. Ich brauche Ihnen hier aber nicht aufzulisten, was
Sie ohnehin wissen. Welche unangenehme Rolle Sie dabei
gegenüber meiner Wenigkeit gespielt haben, ist Ihnen sicher
auch noch gegenwärtig. Gehaltskürzungen wegen »pflegeri-
scher Verfehlungen«, endlose, aufeinanderfolgende Wochen-
end- und Feiertagsdienste, Nachtbereitschaft, während Sie mit
fünf meiner jüngeren Kolleginnen und vor allem der neuen
rumänischen Praktikantin auf »Rechercherreise in beispielhaft

geführten Einrichtungen« waren ... Ich denke, Sie wissen Bescheid.

Deshalb direkt zu den wichtigen neuen Sachverhalten: Entgegen der sonst üblichen Praxis bei Bewohnern ohne weitere Angehörige, das individuelle Vermögen der Kirche jeweiliger Konfession oder dem Haus Abendstern zu vermachen, hat sich der bei Ihnen bisher wohnhafte Herr Dr. Goldstetter in den letzten Tagen vor seinem Ableben entschieden, sein gesamtes, nicht unerhebliches Vermögen mir zu hinterlassen. Da Sie in ähnlich gelagerten Fällen die testamentarische Entscheidung angefochten haben, mache ich Sie darauf aufmerksam, dass in meinem Falle das Testament von Frau Notarin Treumann beglaubigt wurde, in deren Kanzlei auch die Unterzeichnung stattgefunden hat. Der ansehnliche zweistellige Millionenbetrag würde mir ein sorgenfreies Leben bis zum Ende meiner Tage gestatten, jedoch gönne ich mir das Vergnügen einer anderweitigen Nutzung: Ich habe den Laden gekauft! Er war nicht einmal teuer, die Firma Geyer Investments ist bekannt dafür, dass sie schnelles Geld umständlichen und langwierigen Investitionen vorzieht.

Sollten Sie bis zu dieser Stelle meines Schreibens der Meinung gewesen sein, Sie läsen meine Kündigung, so sind Sie im Irrtum: Es handelt sich um Ihre eigene. Ich würde Ihnen raten, sich eine neue Beschäftigung zu suchen, denn ich kündige Ihr Arbeitsverhältnis fristlos wegen schwerer professioneller Verfehlungen und freue mich besonders auf den Arbeitsgerichtsprozess, bei dem ich Ihre berufliche Unfähigkeit und kriminelle Energie mit zahlreichen Dokumenten belegen werde – sollte es zu einer solchen juristischen Auseinandersetzung kommen.

Die Leitung des Heimes übernehme ich ab sofort selbst und muss Sie daher bitten, Ihr Büro innerhalb der nächsten 24 Stunden zu räumen.

Mit freundlichen Grüßen

Bettina Jung

Einen Rettungswagenfahrer verfolgt ein Albtraum

Oliver Engel, Maria-Hilf-Straße 27, 45678 Kreuzröten

An die
Karmeliter Unfall-Hilfe
Rettungsweg 233
12345 Martinshornbach

5.6.2012

Kündigung

Sehr geehrte Damen und Herren,

der Grund für meine Kündigung ist kein alltäglicher. Ich
hoffe, Sie werden meine Beweggründe verstehen. Neulich
hatte ich einen Klartraum, in dem ich in einem wundervollen
englischen Garten Charles Darwin traf. Er war eigens dorthin
gekommen, um mich zu sehen und mir zu erklären, warum
meine berufliche Tätigkeit der Evolution im Wege stehe.
»Schau, Oliver, du kennst vielleicht diese nach mir benannte
Darwin'sche Evolutionstheorie und die darin enthaltene These
zum Thema Survival of the fittest. Die natürliche Selektion
soll sicherstellen, dass die am besten angepassten Individuen
überleben, und auf diese Weise optimieren sich alle Arten in

der Natur. Nur bist du im Augenblick dieser natürlichen Selektion im Wege ...« – »Was? Wieso das denn?«, stotterte ich, »ich helfe doch, wo ich kann!« – »Das ist es ja gerade, was mir Sorgen macht«, sagte Darwin. »Du veränderst das natürliche Gleichgewicht. Gut 90 Prozent deiner Kunden sind hirnrissige Vollidioten, die mit überhöhter Geschwindigkeit und manipulierten Fahrzeugen besoffen oder unter Drogen ihr Leben und ihre Gesundheit riskieren und häufig auch noch unbeteiligte Mitmenschen mit in den Tod reißen. Und wenn du sie rettest, zeugen sie möglicherweise neue und immer mehr hirnrissige Idioten, und deshalb kann es jeden Augenblick zu einem völlig überraschenden Kollaps ...«

Ein infernalischer Lärm unterbrach seine Worte, ein Pulk röhrender, mit riesigen Plastikspoilern verunstalteter Automobile raste durch den Garten, ihre Reifen zerfetzten den perfekten Rasen, und jedes einzelne Fahrzeug suchte sich wie ferngesteuert einen Baum, uralte Eichen, Buchen und Eiben mit meterdicken Stämmen, und zerschellte daran, wurde zu einem formlosen Klumpen Blech, ging in Flammen auf, Rauchsäulen stiegen empor, Tanks detonierten. Von oben stürzten Männer und Frauen mit zerrissenen Bungee-Seilen oder Jumpsuits herab, zerschellten auf dem Dach eines alten Pavillons, während von der Seite her Motorräder gegen die Säulen des kleinen Tempels rasten, ihn fast zum Einsturz brachten. Überall lagen Verletzte und vermutlich auch schon tote Menschen in einem Schreckensbild, das Hieronymus Bosch nicht eindrücklicher auf eine Leinwand hätte bannen können. »Wir müssen helfen ...«, hörte ich mich rufen, »wir können sie retten!« Ich wollte aufspringen, suchte nach meinem Notfallkoffer. »Genau das ist dein Fehler ...«, sagte Darwin. Da wachte ich auf.

Nun verfolgt mich dieser Traum unentrinnbar. Jedes Mal, wenn ich mit überhöhter Geschwindigkeit durch einen Stau rase, wenn ich bei Nacht und Nebel mein eigenes Leben riskiere, um zu helfen, habe ich die Bilder dieses Traums vor Augen und irgendetwas bewegt meinen Fuß auf dem Gaspedal nach oben, und ich spüre, wie meine Entschlossenheit schwindet. Ich denke, ich muss das nicht näher erläutern.

Mit freundlichen Grüßen

Oliver Engel

Ein Erleuchteter kündigt seinen Bestattungsvertrag

Swami Dujeinanda, ehemals Horst Gärtner,
Großer Irrweg 44, 45678 Umnachtingen

Bestattungsunternehmen Füllgrabe
Am Friedhof 16
12345 Freudenstadt-Stilldorf

11.12.2015

**Kündigung eines Bestattungsvertrages vom 21.3.2014
auf den Namen Horst Gärtner**

Sehr geehrter Herr Füllgrabe,

ich freue mich, Ihnen mitteilen zu dürfen, dass ich Ihrer
Dienste nicht mehr bedarf. Im Zuge eines Wochenendsemi-
nars bei dem berühmten Guru Yogi Hasmaneuro erreichte
ich den Zustand der inneren Erleuchtung, begriff alle Geheimnisse des Universums und wurde mir zudem auch noch
bewusst, dass ich nicht nur mit überschwänglicher Gnade
beschenkt, sondern zudem auch noch unsterblich bin. Ich
werde zu gegebener Zeit aus dem Larvenstadium meiner
Existenz aufwachen und den Kokon des Irdischen Weges als
übermenschliche Lichtgestalt verlassen.

Bitte überweisen Sie noch vorhandene Restbeträge aus meiner Vorauszahlung an die gemeinnützige Firma Karma Finance, Caiman Islands, Verwendungszweck Immortal Life.

Das Licht des Universums scheine auch über Ihnen und der Große Schöpfer erlöse Sie von all Ihrem sinnlosen Tun.

Swami Dujeinanda, ehemals Horst Gärtner

Ein Übergewichtiger kündigt
bei den Watch-Weighters

Matthias Dickmann, Rundweg 11, 4567 Sattingen

Watch-Weighters
zu Händen Frau Nimmich-Ernst
An der schlanken Linie 3
123456 Knappstetten-Schrumpf

7.8.2016

Kündigung

Sehr geehrte Frau Nimmich-Ernst,

nein, eigentlich wollte ich nicht den Jo-Jo-Effekt live erleben, als ich mich bei Ihnen angemeldet und einen Vertrag
(vom 1.1.2016) unterschrieben habe, den ich hiermit offiziell
zum nächsten Termin kündige. Irgendwie kam mir die Idee,
Punkte statt Kalorien oder Nahrungsmittel zu verzehren,
einleuchtend vor, und anfangs sah es ja auch ganz gut aus.
Ach, ich habe sie genossen, diese kurzen Tage der Erleich-
terung und Freude. Die Kilos purzelten, dass es eine Freude
war. Endlich einmal ein sinnvolles Konzept zum Abnehmen,
dachte ich! Dummerweise war es aber nur mein Gehirn, das
an Sie und Ihr Unternehmen glaubte, mein Körper kümmerte

sich keineswegs um Ihr Konzept und näherte sich mit der fallenden Gewichtskurve immer mehr einem unsichtbaren Horizont an, der Asymptote des Versagens. Meine Kilos schwanden langsamer und langsamer, mein Hungergefühl wuchs dafür beachtlich, und schließlich gab es sogar Tage, da nahm ich zu, wenn ich nur an Essen ... nein, sogar nur an Punkte dachte. Anfangs fünf Kilo abgenommen, gut, aber ich und offenbar auch Sie, wir hatten die Rechnung ohne den Wirtsorganismus gemacht. Jetzt nämlich rächt sich mein Körper, den Sie und ich über so lange Zeit mit Punkten und Hungergefühlen und Rezepten voller Ballaststoffe gequält haben. Innerhalb von wenigen Wochen habe ich so zugenommen, wie ich noch nie zugenommen habe – volle 19 kg. Ein schöner Erfolg!

Mit einem dicken Gruß, auch von meinem äußerst effektiv verdauenden Körper,

Matthias Dickmann

Ein Leitender Oberarzt wechselt
vorsorglich die Klinik

Dr. S. Trange, Wunderweg 77, 45678 Rauschheim-Kick

St. Hibiskus-Klinikum
Fachkrankenhaus für Drogentherapie
Klinikleitung
Krankenhausplatz
12345 Heilbronn-Hoffnungstal

5.4.2017

Kündigung

Sehr geehrte Damen und Herren,

in den letzten drei Monaten ist es mir als Leitendem Oberarzt
gelungen, zahlreichen Patienten und mir selbst die Qualen eines
Entzuges zu ersparen, weil ich es in meiner Funktion geschafft
habe, ihre und auch meine Drogensucht mithilfe von reichlich
Morphium und anderen wohltuenden Pharmazeutika hinrei-
chend zu therapieren. Nun sind die Vorräte von allem, was
irgendwie *turnt*, in unseren Giftschränken aufgebraucht, und
um meine Arbeit fortzusetzen, müsste ich eine Großbestellung
bei der pharmazeutischen Industrie aufgeben, was vermutlich
einigen Aufstand zur Folge hätte und meine wahre Identität

enthüllen würde. Deshalb ziehe ich es vor, mich anderen Ortes um einen ähnlichen Posten zu bewerben, und hinterlasse Ihnen meine ganze Abteilung mit der Bitte um fürsorgliche Behandlung und freundliche Medikation. Meinen Arztkittel und meinen Dienstwagen nehme ich mit, Letzteren werden Sie in Kürze auf einem ziemlich weit entfernten Autobahnparkplatz in einer zurzeit noch nicht exakt festgelegten Region finden. Ich verabschiede mich nur ungern, denn die Atmosphäre in Ihrem Haus und auch die Zusammenarbeit mit meinen freundlich-naiven Arztkollegen und -kolleginnen hat mir viel gegeben und mich in meiner Rolle als Mediziner deutlich weitergebracht.

Hochachtungsvoll

Dr. S. Trange

Technik

Never touch a running system!

Dieser einfache Merksatz aus der Welt der Computer gilt nicht nur für Hard- und Software. Wer kündigt in unserer Hightech-Welt schon einem genialen Techniker oder Ingenieur, einem erfolgreichen Programmierer oder überhaupt irgendjemandem, der mit Computern und Internet zu tun hat? Wer weiß, ob sich jemand findet, der seine genialen Gedankengänge beim Aufbau der ganz speziellen Firmensoftware nachvollziehen kann? Wer kann schon sagen, welche Kuckuckseier in Form interessanter Viren und Trojaner ein verärgerter Experte im System hinterlässt? Und lässt sich mit letzter Sicherheit sagen, ob die gekündigte Koryphäe nicht doch durch eine digitale Hintertür die neuesten Firmengeheimnisse ausspäht oder gleich den ganzen Laden datentechnisch versklavt? Auch der digitale Volltrottel in der Chefetage begreift: Dort, wo im technischen Universum feste Arbeitsbeziehungen bestehen, gibt es eine ganz besondere Form von sozialem Sprengstoff.

Im Falle mancher Mitarbeiter allerdings hätte eine frühzeitige Kündigung schlimme Folgen verhindern können …

Das Nickerchen eines Technikers hatte Folgen

Dr. Bernhard Rüther, Actinoidenweg 239, 45678 Stralen

REW
Personalabteilung
Oppenheimer Allee 239
12345 Endlingen-Castorthal

21.4.2017

Betrifft: Kündigung

Sehr geehrte Damen und Herren,

hiermit kündige ich meinen Arbeitsvertrag als AKW-Wartungstechniker
vom 11.11.2011 fristlos. Begründung: Ich bin nicht weiter bereit, Gesundheit und Leben an einem derart unsicheren Arbeitsplatz wie dem
AKW Grundrammingen aufs Spiel zu setzen, zumal dort, wo vorher
das AKW stand, nur noch ein tiefer strahlender Krater gähnt. Wie es
dazu kommen konnte, wollen Sie jetzt sicher wissen. Na ja, niemand
hat mir bei Abschluss meines Arbeitsvertrages gesagt, dass ich während
der Nachtschicht nicht einmal ein kleines Nickerchen machen darf. In
Japan gehört das Schlafen am Arbeitsplatz zur Betriebskultur und wird
Inemuri genannt. An dieser großartigen Einrichtung in einem asiatischen
Hochtechnologieland sollten wir uns einmal ein Beispiel nehmen. Deren

AKWs fliegen nicht gleich in die Luft, wenn man mal etwas einnickt, da braucht es schon einen Tsunami.

Auf jeden Fall war ich höchstens zehn Minuten oder vielleicht doch eine Viertelstunde eingeschlafen, als diese drei roten Warnleuchten plötzlich zu blinken begannen, die noch nie geblinkt haben, und eine Sirene ertönte. So rücksichtslos aus dem Schlaf gerissen, kippte ich natürlich aus dem Bürostuhl, konnte meine Brille nicht finden und stolperte über ein paar leere Pizzakartons oder Bierflaschen auf dem Boden. Unglücklicherweise stieß ich mit dem Kopf gegen die Schalttafel und traf genau die Schalter, mit denen man das Kühlsystem für die Brennstäbe abschaltet. Dadurch wurde ich für eine Weile ohnmächtig. Wie kann man solche Schalter auch so ungeschickt platzieren? Warum meine Kollegen nichts gemacht haben? Die waren ja noch viel besoffener als ich. Unverantwortlich so etwas! Als ich endlich aus meiner Bewusstlosigkeit erwachte, reagierte ich wieder schnell und professionell und folgte der Lautsprecheransage: »Verlassen Sie augenblicklich Ihren Arbeitsplatz! Gefahr einer Atomexplosion! Sofort evakuieren!« Zum Glück habe ich ein schnelles Auto ... Den Rest kennen Sie ja aus der »Tagesschau«. Und der Knall war ja auch nicht zu überhören.

Mit Bedauern und freundlichen Grüßen

Dr. B. Rüther

P.S.: Sollten Sie bei den Aufräumarbeiten mein iPhone finden, bitte ich um Rückgabe an meine Privatanschrift. Ich habe da noch eine Partie Quizduell mit dem Fluglotsen vom Flughafen Frankfurt offen.

Ein App-Programmierer erleidet eine Sinnkrise

Guido N. Erdmann alias »Bit-Byter«, Am Zuckerberg 66, 45678 Frechen

Devil Development – Teuflisch gute Apps
Herrn Theo Teufel
Silicon Alley 1
67890 Erbes-Büdesheim

5.5.2016

Kündigung

Hallo Teufel, alte digitale Drecksau,

das ist nicht mehr mein Ding, die App-Nummer, auch
wenn damit die dicke Kohle zu machen ist, wie du ja immer noch glaubst. Wenn ich morgens in den Spiegel schaue
und mich frage: »Was hast du eigentlich geleistet, Guido,
außer die Wirtschaft regelmäßig mit dem Kauf von neuen
Smartphones anzukurbeln?« Dreißig Kilo zugenommen
hast du, stelle ich dann fest, gut, man sitzt den ganzen
Tag am Bildschirm und hat nicht viel Bewegung, der Geist
ist willig und der Pizzaservice billig. Dann denke ich darüber nach, wofür ich das alles mache, meine Arbeit. Und
was habe ich den lieben langen Tag getan? Mir fallen so

tolle Trash-Apps wie die Bierglas-App, das Cow-Toss-Ding oder Milk The Cow, der Nacktscanner, die Stinkefinger-App, der Geister-Detektor, die Fernsteuerung für die Frau und der Sinnlose Knopf ein – von anderen entwickelte, an sich schon komplett sinnfreie Apps, die ich dann für eure Firma in der 145. Variante kopieren durfte, die ihr dann für 0,79 € pro Stück an hunderttausende von kompletten Vollidioten verhökert habt. War es das wirklich?

Dies ist übrigens nicht nur eine Kündigung an deine Firma, sondern auch zugleich an meinen Beruf, denn ich sehe mittlerweile ein, dass ich mich zwar für einen Hightech-Freak halte, aber mit dem ganzen Technikkram nichts Sinnvolles zustande kriege. Großartige Dinge hatte ich vor, Weltbewegendes wollte ich programmieren. Ergebnis: nichts als Quatsch und heiße Luft. Deswegen habe ich mich entschlossen, einen sinnvolleren Beruf zu erlernen, zum Beispiel Gaszählerableser oder Müllwerker.

Und ja, du kannst mich auf Facebook ruhig als »Loser des Monats« nominieren, ist mir egal. Ich bin nicht mehr bei dem Saftladen und damit in guter Gesellschaft.

Guido

Ein Hacker kündigt beim BND

Dennis Diener, Guillaumeweg 12, 45678 Grottenheim

BND
Personalabteilung
Heilmannstraße 30
82049 Pullach

1.2.2015

Kündigung

Sehr geehrte Damen und Herren,

hiermit kündige ich meine Tätigkeit beim Bundesnachrichtendienst zum nächstmöglichen Termin. Über die damit verbundenen besonderen Verpflichtungen habe ich mich informiert, speziell zum Thema Geheimhaltung. Meine Unterlagen und Erkenntnisdokumentationen werde ich umgehend an meinen Nachfolger im Amt übergeben, sobald Sie mir einen Termin dazu benennen.

Begründung für meine Kündigung: Irgendwer muss diese Arbeit ja machen und potenzielle Terroristen observieren, aber muss das ausgerechnet ich sein? Nur Privatfernsehen ist schlimmer. Was ich in den Jahren beim Geheimdienst gesehen und gehört habe, lässt mich den Glauben an die Menschheit verlieren. Das Meiste ist banal und trivial, und ich will es einfach nicht mehr wissen. Gut 99 Prozent der Erkenntnisse hätte ich auch bei »Berlin – Tag und Nacht« oder »Köln 50667« gewinnen können, aber der Rest, nur ein Prozent, ist dazu geeignet, mir den Nachtschlaf zu rauben. Offenbar kommt auf neunundneunzig weiße Schafe immer ein schwarzes. Und jetzt hat auch noch dieser Doppelagent Markus R. eine Liste mit 3500 Tarnnamen gestohlen – was für ein Horror, wenn mein Name dabei ist und ich mit den Objekten meiner intensiven Beobachtungen auch noch persönlichen Kontakt bekomme, besonders mit dem letzten Prozent!

Ich tauche dann mal unter und wäre Ihnen dankbar, wenn Sie mich dabei unterstützen würden.

Hochachtungsvoll

Dennis Diener (ein Name, den ich wohl nicht mehr lange führen werde)

Ein User kündigt bei Facebook

Frank Steiner alias Frank N. Stein, z. Z. offline

Facebook Ireland Inc.
Zentrale
Menlo Park
Kalifornien/USA

12.11.2016

Kündigung

Sehr geehrte Damen und Herren bei Facebook,
der alten Datenkrake,

irgendwann in grauer Vorzeit habe ich über Ihre Plattform
mal wichtige Nachrichten mit meinen wenigen Freunden
ausgetauscht, doch leider sind diese im Zuge Ihrer Software-
Entwicklung von einem riesigen Schwall absolut überflüssiger
»personalisierter« Werbung untergegangen – ich habe jetzt
einen Roboter-Staubsauger, brauche keine weiteren Werbe-
mails zu diesem Thema, kann aber meine Freunde in Ihrem
Netzwerk nicht mehr entdecken. Offenbar haben sie alle
gekündigt.
 Verwunderlicherweise habe ich jetzt dennoch 3624

»Freunde«, die ich nicht kenne, bin Mitglied in 141 Facebook-Gruppen, ohne mich je einer angeschlossen zu haben, erhalte jeden Tag ein paar hundert Aufforderungen, irgendetwas zu *liken*, und wenn ich ein Foto von der Unterseite meines Abfalleimers einstelle, bekomme ich mühelos 25 bis 30 Likes von »Freunden«, die wollen, dass ich im Gegenzug die Fotos ihrer verhaltensgestörten Qualzucht-Haustiere *like*.

Brauche ich nicht. Bin dann mal weg.

Frank

PS: Ja, ich habe herausbekommen, wie man einen Facebook-Account inaktiv macht, auch wenn ihr versucht, diese Funktion möglichst tief im verschachtelten Menü zu verstecken. Ja, ich will, dass ihr meine Daten löscht, auch wenn ich glaube, dass ihr es nicht wirklich tut.

Eine Facebook-Kündigung an
Frank Zuckerberg persönlich

Miriam Holiday, Skalitzer Straße 114, 10999 Berlin

Facebook Ireland Inc.
Zentrale
z. H. Frank Zuckerberg
Menlo Park
Kalifornien/USA

3. März 2015

Kündigung

Hi Frank,

ich mache das hier mal lieber auf Papier, weil es sonst wieder heißt: »E-Mail? Nee, E-Mail ist keine eingetroffen, die muss im Spam-Filter hängen geblieben sein.« Du kennst das ja, Alter. Also, ich kündige mein Konto bei Facebook ab sofort, weil ich sonst irgendwann an digitalem Stress zu Grunde gehe.

Jeder Mensch braucht ein E-Mail-Konto, und gut, bei Skype bin ich auch noch angemeldet. Jeden Tag telefonieren, im Internet surfen, E-Mails senden und empfangen und mal skypen, das würde ich ja noch hinkriegen, aber außer bei Facebook bin ich auch noch bei Twitter, Instagram, MySpace,

EiSieKuh, MSN, StudiVZ, LinkedIN, De.licio.us, Mr. Wong, MeinVZ, Wer-kennt-wen-und-warum, Stayfriends, Win-Enemies, Lokalisten, lifestream.fm, Friendfeed, Xing, Zong, Ping und Pong angemeldet. Wer mich kennt, weiß, dass auf mich Verlass ist, Alter, und so muss ich alle diese Dienste gleichzeitig nutzen, die anfallenden paar tausend Nachrichten jeden Tag lesen und beantworten, wobei ich wie die Hölle aufpassen muss, damit ich die jeweiligen Beiträge von Twitter oder Stayfriends nicht verwechsle und ganz falsche Ansagen mache. Insgesamt habe ich so ein paar tausend Freunde, die alle keinen vorgefertigten Müll, sondern ganz persönlich Getextetes kriegen wollen. Zusätzlich muss ich ja auch noch überall Selfies einstellen, mich in einschlägigen Blogs informieren, welche coolen neuartigen Zumba-, Knork-, Plöpl-, Zujhuju-, Twappwapp- oder Tahui-Dienste gerade wieder online sind, wo ich unbedingt dabei sein muss, und dann gibt es auch noch die neuen Apps für mein Handy. Du weißt schon, diese *must-have-gimmicks* und auch noch die für mein Tablet. Und wenn ich mich richtig erinnere, war da noch so ein Typ, der hält sich für meinen Freund, obwohl ... der ist Gamer, den habe ich 2013 zum letzten Mal gesehen – ist ja auch egal, real life nervt ohnehin nur. Aber irgendwo muss ich anfangen, was wollte ich gleich noch? ... Ach, Moment, da kommt gerade eine Facebook-Nachricht rein von Sturmhorst13, kenne ich den? Und jetzt klingelt auch noch das Handy ... Mist! See u ...

Ein IT-Experte wehrt sich
gegen seine Kündigung

Holger Fafranzki, Nixdorfweg 44, 45679 Bitburg

Kasparatzki IT-Sicherheit

z. H. Igor Kasparatzki

Breschnew-Allee 1

12345 Berlin-Köpenick

3.5.2012

Antwort auf Ihr Kündigungsschreiben vom 1. Mai 2012

Sehr geehrter Herr Kasparatzki,

zugegeben, es hat in den letzten Wochen einige Ungereimtheiten gegeben, und vielleicht hätte ich den Webshop für Hackertools nicht auf dem Firmenserver betreiben dürfen. Aber müssen Sie mich deshalb gleich kündigen? Meine übrigen »Vergehen« waren doch eher kleine Ordnungswidrigkeiten oder sollte man sagen: lustige elektronische Scherze? Die gefakten BKA-Mails an Sie persönlich waren doch gut gemacht, oder? Sie haben doch wirklich gedacht, das Bundeskriminalamt und der Verfassungsschutz seien Ihnen wegen Ihrer KGB-Vergangenheit auf den Fersen – basinga! Was habe ich gelacht!

Ich konnte natürlich nicht ahnen, dass es da tatsächlich Leichen im Keller gab, aber wegen mir hätten Sie das Firmenarchiv nicht unbedingt shreddern müssen. Bitte überlegen Sie sich Ihre Entscheidung noch einmal, denn ich könnte Ihnen auch in einer anderen Angelegenheit sehr hilfreich sein. Ein paar Testläufe mit neuen Viren müssen noch abgeschlossen werden, die Dinger sind wirklich übel und schalten alle Sicherheitsoptionen aus, und nur ich kann sie deaktivieren. Sie wissen ja, ich bin Virenexperte, und als solchen haben Sie mich auch eingestellt. Und ich habe auf Ihrer persönlichen Festplatte einen Ordner entdeckt – uijujujui! Den dürfte das Finanzamt aber nicht in die Finger bekommen! Das nenne ich mal kreative Buchführung und auch noch völlig unverschlüsselt! Vor lauter Begeisterung habe ich mir gleich eine Kopie für meine eigenen Unterlagen gemacht. Ich könnte Ihnen sicher dabei behilflich sein, die Sache unter den digitalen Teppich zu kehren. Sie brauchen also meine Expertise – und warum vor dem Arbeitsgericht etwas in die Öffentlichkeit zerren, das lieber im digitalen Dunkel bleiben sollte?

Immer zu Diensten

Holger Fafranzki

Clubs, Vereine und Parteien

Man muss im richtigen Verein sein!

Diese Weisheit gilt nicht nur für Lokalpolitiker in rückständigen Gemeinden auf dem Lande, sondern auch für den Rockerclub und letztlich bis hoch hinauf in die obersten Etagen der Politik. Wer mit dem Abgeordneten golft, hat beste Karriereperspektiven – glaubt der Neugolfer zumindest, wenn er die astronomisch hohe Aufnahmegebühr für den Golfclub überweist. Manchmal allerdings zeigt es sich, dass die Mitgliedschaft in einer Gemeinschaft den Einzelnen nicht weiterbringt. Es könnte sein, dass die eigene Partei sich gerade ungünstig für den Parteiproporz beim öffentlich-rechtlichen Sender auswirkt. Es kommt vor, dass der gestern noch richtige Club heute der falsche sein könnte, weil man falsche Hoffnungen an die Mitgliedschaft knüpfte, sich stattdessen nichts als Ärger und ein blaues Auge eingefangen oder wie im folgenden Fall bessere Einsicht gewonnen hat …

Den Jogging-Club kündigen

Leon Lässig, Lange Meile 44, 34567 Laufen

Jogging-Club »Running Gag«
Am Sportpark 3
34567 Laufen

12.1.2016

Kündigung

Hallo, liebe Clubkameradinnen und -kameraden,

schweren Herzens kündige ich meine Mitgliedschaft in eurem Club, denn ihr habt immer versucht, aus mir einen begeisterten Jogger zu machen. Es ist euch nicht gelungen, denn der einzige Grund, aus dem ich bei euch mitgelaufen bin, war der, dass ich vor einem frühen Tod davonlaufen wollte. Ich hatte irgendwo gehört, dass man sein Leben durch regelmäßiges Laufen (etwa viermal in der Woche zwei Stunden) in den kommenden 20 Jahren um bis zu zwei Jahre verlängern könne. Nun habe ich allerdings einmal nach-gerechnet: Würde ich in den kommenden 20 Jahren in der beschriebenen Weise mit euch laufen, so würden wir für die-sen Sport 1386,67 Tage verbrauchen. Umgerechnet sind das

3,8 Jahre, sodass wir dabei über die gewonnenen zwei Jahre hinaus insgesamt 1,8 Jahre an das Laufen verschwenden würden statt zu leben. Ich weiß, ihr seht das nicht so, aber ich käme mir vor, als hätte ich den Weg der Qualen gewählt statt die Zeit für Fressgelage, Partys, Sex und andere ausgesprochen angenehme Vergnügungen zu nutzen. Eine innere Stimme fragt mich immer wieder: Warum also willst du wie ein Vollidiot durch die grüne Hölle des Stadtparks hetzen?

Ich weiß, ihr müsst tun, was ihr tun müsst – aber das leider ohne mich. Vielleicht sehen wir uns in den nächsten Jahren doch noch mal im Park – ich beim Picknick mit einem guten Rotwein und einer netten Dame, ihr immer auf Trab in euren neuen Hightech-Laufschuhen.

Mit Ex-Joggergruß

Euer Leon Lässig

PS: Meine Laufschuhe stehen übrigens in meinem Vorgarten, es wächst Rosmarin darin.

Beim Karnevalsverein austreten

Heinz-Hermann Lückenotto, Münsterstr. 41, 56789 Warendorf

Karnevalsverein »Grüne Funken«
zu Händen Herrn Lappes
Hänneschenweg 11
50767 Köln

1.3.2016

Kündigung

Lieber Herr Lappes,

ich dachte immer, dass nur wir Westfalen alte, verkrustete
Kulte und Bräuche lieben, aber die Rheinländer übertreffen
uns da noch. Was den Karneval betrifft, begreife ich das als
bodenständiger Westfale überhaupt nicht. Deshalb kündige ich
meine Mitgliedschaft in Ihrem Verein, auch wenn mir diese von
meinem Arbeitgeber (Stadt Köln) nahegelegt wurde. Hier eine
Liste meiner karnevalistischen Fehlqualifikationen:

Offenbar mögen es Rheinländer ausgesprochen gern, sich unter
massivem Alkoholeinfluss absolut lächerlich zu machen. Ich
kann das nicht.

Es scheint, als liebten es Rheinländerinnen, ihre ohnehin schon häufig erschreckenden Körperformen in minimalen Verkleidungen der Öffentlichkeit zu präsentieren. Ich mag das nicht.

Es will mir einfach nicht gelingen, mich auf pseudomusikalische akustische Signale hin spontan zum Lachen zu bringen (»Tätää! Tätää!«). Ich kann das nicht.

Ich mag nicht im Kampf um Pöstchen im Elferrat mitmischen. Mich interessiert das nicht.

Die ritualisierten Kastrationsangriffe rheinischer Matronen (sogenannten *Möhnen)* auf Krawatten finde ich nicht lustig. Ich finde das idiotisch.

Die allgegenwärtigen Knutschüberfälle, »Bützchen« genannt, sind eigentlich kleine, mit geschürzten Lippen verteilte Küsschen, in der Realität aber Schleim- und Schlabberattacken aus nach Bier und sonst etwas duftenden, ekligen Mündern mit noch unappetitlicheren Besitzerinnen und Besitzern. Ich hasse das.

Ich mag in den Tagen nach Karneval nicht auf den Ausbruch der Vogel-, Schweine-, Ziegenbock- oder Thunfischgrippe warten – Krankheiten, die in mir durch das Bützen heranreifen könnten. Ich brauche das nicht.

Ich will weder, dass mir einer der geschmacklos gestalteten Wagen im Karnevalszug über die Zehen rollt, noch auf glitschigen Kamellen ausgleiten noch als Alkoholleiche den Weg in die Notaufnahme finden.

Ich möchte nicht, dass mir nach einem karnevalstypischen Filmriss (sogenannte *amnesia coloniensis*) zwei bis drei Tage in meinem persönlichen Archiv fehlen und dass ich neun Monate später zum Vater eines pränatal alkoholgeschädigten Karnevalskindes (*foetus festivitatis*) werden könnte, wie sie in jeder Karnevalshochburg zu Tausenden herumlaufen.

Ich möchte nicht am Aschermittwoch nach dem Aufwachen gegen etwa 17:30 Uhr realisieren, dass mein Führerschein konfisziert wurde, mein Wagen ein Schrotthaufen ist, meine Partnerin mit einem riesigen Maikäfer oder einem gut bestückten Außerirdischen durchgebrannt ist.

Deshalb kündige ich parallel auch meine Anstellung auf Probe bei der Kölner Stadtverwaltung/Abteilung Straßenverkehr und ziehe es vor, ins Münsterland zurückzukehren.

Mit freundlichen Grüßen

Heinz-Hermann Lückenotto

Ein Biker kündigt seinem
Biker-Club »Desparedos«

Dr. Bernhard Schliepenkötter, Schlossstraße 23, 45678 Bad Tinnef

An den Präsidenten des Biker-Clubs »Desparedos«
Manni »Full Throttle« Schmitz
Clubheim
Hinter dem Klärwerk 17
45678 Bad Tinnef

Hallo Präsi, hi Männer,

um es geradeheraus zu sagen: Das Motorradfahren ist leider
nichts für mich. Ich dachte zwar, das jugendlich-männliche
Image von Rasern, Rockern und anderen Desperados würde
mir in meiner Lebenskrise helfen, und kaufte mir einfach ein
Motorrad, um nach Las Vegas zu reiten, die Sonne zu putzen
und so. Natürlich wollte ich keine halben Sachen, ich
mache nie halbe Sachen, und so musste es natürlich eine Har-
ley-Davidson sein, und natürlich auch nicht die Billignummer
Sportster, sondern mindestens eine Fat Boy oder Road King.
Leider habe ich mich für eine Springer Softtail entschieden,
was mir die erste schwere Frustration brachte: Die Kollegen
vom Ärztestammtisch meinten, das Modell würde ja irgendwie zu meinem Viagra-Konsum passen. Da hatte ich nun über
20.000 € auf den Ladentisch des Motorradhändlers gelegt,

um meinen belastenden Alltag und alle Hemmungen fallen zu lassen, und mache mich direkt vom Fleck weg lächerlich.

Naja, und dann die erste Ausfahrt mit euch. Ich dachte, ich könnte wie der King auf dem Hobel sitzen und arrogant durch meine *Rayban* auf die *cage driver* hinunterblicken, diese Spießer in ihren stinkenden Blechkisten. Doch dann treffe ich in der nächsten Ampel ausgerechnet Dr. Anwanzer, meinen Psychiater, im BMW-Cabrio, und der meint auch noch: »Was für ein dilettantischer Versuch, mit Ihrer Midlife-Crisis umzugehen! Sie sehen ja wie ein Affe auf dem Schleifstein aus, so steif, wie Sie da auf dem Gerät hocken. Kommen Sie lieber mal am Montag in meine Psycho-Notfallsprechstunde!«

Wir sind dann weitergefahren zum Motorradtreff, Currywurst mit Fritten, lauwarmer Kaffee, Benzingespräche, von denen ich kein Wort verstanden habe, und zum Schluss die Schlägerei mit den Typen von der »Kuhlen Wampe«. Mann, was bin ich aus der Übung, Brillenhämatom. Schließlich der Regen auf der Rückfahrt, ihr in Regenklamotten, ich klatschnass bis auf die Haut, weil ich an so etwas ja nicht gedacht hatte. Dann musste ich noch schnell nach Hause, wegen des Abendessens mit dem Klinikleiter um 19:15 Uhr. Er hat mich sofort einliefern lassen, als er mich so sah. Er murmelte etwas von »reitender Leiche« oder so.

Kurz gesagt, es ist nichts für mich. War nett mit euch, bis dann mal.

Euer Bernhard Schliepenkötter

Kündigung einer Parteimitgliedschaft
bei den Grünen

Bernd Bollmann, Am Dorfanger 3, 7789 Freiholm-Wiesengrün

BÜNDNIS 90/DIE GRÜNEN
Bundesgeschäftsstelle
Platz vor dem Neuen Tor 1
10115 Berlin

6.4.2016

Kündigung meiner Parteimitgliedschaft

Warum ich eingetreten bin? Ich bin ökologisch engagiert, wollte etwas
für die Umwelt erreichen und dazu beitragen, die Natur zu schützen.
Deshalb bin ich Mitglied in der Partei der Grünen geworden. Was für ein
Irrtum!

Um etwas zu erreichen, habe ich mich durch die Unterbezirke und
Landesabteilungen bis ganz nach oben gekämpft, auf dem Weg dorthin
viel Zeit mit der Diskussion darüber verbracht, welches Ding man zwischen den Beinen haben muss, um anständige grüne Politik zu machen
und einen gerade offenen Posten zu besetzen – die sogenannte Gender-
Frage. Als mein Ding gerade wieder mal quotenmäßig dran war, ließ
ich mich in den Bundestag wählen, ließ mich auf meinem Fahrrad zum
Reichstagsgebäude radelnd fotografieren und gab der Regenbogenpresse
Interviews. Dabei trug ich zuerst Turnschuhe und saloppe Freizeitklei-

dung, bis ich dann feststellte, dass – ganz unabhängig von meiner Position – handgenähte Maßschuhe und erlesene Designerkleidung viel besser zu mir passen. Das Fahrrad passte dann auch nicht mehr zu meinem neuen Outfit, und ich schaute mich im Fuhrpark des Bundestags nach einem entsprechenden Gefährt um. Am besten stand mir ein Audi A8.

Im Bundestag leistete ich dann großartige Arbeit. Ich setzte richtungsweisende Projekte wie das Dosenpfand und die Öko-Gurkenverordnung durch. Ich ärgerte mich zwischenzeitlich ein wenig über Vertreter anderer Parteien, die zunehmend genauso grünlich daherlaberten wie ich selbst und damit in meinem angestammten Revier wildern wollten. Ich wunderte mich nicht über meine Parteigenossinnen, die mehr Zeit damit verbrachten, neue, aber merkwürdig geschmacklose Jacken und Blusen für ihren nächsten Fernsehauftritt zu beschaffen, als Politik zu machen und dabei nicht einmal rot wurden, weil sie ja Grüne waren.

Zu diesem Zeitpunkt wurden mir und meiner Partei hintenherum Koalitionen mit anderen, konservativ oder turbokapitalistisch ausgerichteten Parteien angeboten, auf die wir gerne eingingen, weil wir ja an der Macht bleiben und uns weiter für die Belange des Gefleckten Dickschnabelzeisigs in Peru einsetzen wollten, ein armes Tier, das ja leider sonst bei uns keinerlei Lobby hat.

Apropos Lobby: Auf dem Höhepunkt meiner Karriere hielt ich vor merkwürdig wenigen Vertretern der Atomindustrie, also vor fast leeren Sälen, Vorträge über neue alternative Energien und erhielt dafür erstaunlich hohe Honorare, die nur böswillige Zeitgenossen als Schmiergelder bezeichneten. Auf Flugreisen zu Ökokongressen in der Karibik und auf Neuseeland nahm ich jetzt immer ein ausreichend großes Kopfkissen mit, damit ich abends im Luxushotel mein schlechtes Gewissen ersticken konnte.

Warum ich aus der Partei austreten will? Wenn Sie mich fragen, was grüne Politik eigentlich ist: Woher soll ich das wissen? Vielleicht erfahre ich das, wenn ich aus diesem merkwürdigen Verein ausgetreten bin.

Mit ökologischem Gruße

Bernd Bollmann

Den Golfkurs kündigen

Martina Mossmüller-Huberti, Parlstr. 6, 45678 Königsberlebach

Golfclub Schloss Luftschlag
zu Händen Giselher van Putten
Schlosspark 1
4567 Königsberlebach

2.5.2017

Kündigung

Sehr geehrter Herr van Putten,

beginnen wir mit den Formalitäten: Hiermit kündige ich
a) meine Mitgliedschaft im Golfclub Schloss Luftschlag
und b) den zwischen uns geschlossenen Vertrag über
einen Golfkurs (24 Stunden) vom 1.1.2017.

Ich bin Ihnen für diese Kündigung zwar keine Erklä-
rung schuldig, möchte Ihnen aber dennoch erläutern, wie
ich zum Golf gekommen bin und warum ich es vorziehe,
künftig das Green zu meiden.

Es war mein Düsseldorfer Imageberater Daniel de
Doosen, der mich eines Tages mit einer Scherzfrage
konfrontierte: Was macht keinen Spaß, muss aber sein?

Ja, auch Sex, Frau Mossmüller-Huberti, antwortete er mir dann, aber er meinte Golf. Golf liegt total im Trend, lag er mir in den Ohren, Erfolgsmenschen spielen Golf, schon allein weil sich ganz gewöhnliche Menschen die fetten Mitgliedsbeiträge und die teure Ausrüstung nicht leisten können. Nach der ersten Stunde beim arroganten Golflehrer (»Hach! Nicht so grob, Sie bewegen sich ja wie eine Waschfrau!«) wollte ich gleich wieder austreten. Ich blieb aber dann wegen der maßlos teuren Ausrüstung, traf auf die modischen Golanhöhen eines Golfclubs, die geradezu verstörend karierten Kleidungsstücke der anderen Clubmitglieder, und überlegte zum zweiten Mal, die Reißleine zu ziehen. In die dritte Krise geriet ich, als ich dann versuchen musste, diesen winzigen Ball auf dem riesigen Terrain in so winzige Löcher zu bugsieren, und das gleich 18 Mal hintereinander. Ich sage Ihnen, das macht echt keinen Spaß, aber mein Imageberater sagte mir, dass ich das nie zugeben dürfe (»Das ist wie beim Sex, Frau Mossmüller-Huberti, das hat Spaß zu machen!«). Also latschte ich mir die Hacken ab, ließ ganze Säcke von merkwürdigen Krückstöcken hinter mir herschleppen und war angekommen in der Hölle, Abteilung Karrieresportarten.

Schluss jetzt. Ich mach jetzt das Birdie, Abflug.

Hochachtungsvoll

Martina Mossmüller-Huberti

Fiktive Kündigungen

Burnout in der Hölle und Rumpelstilzchens Honorar

Streit vor dem Arbeitsgericht ist in den folgenden Fällen sicher nur in Ausnahmen möglich, denn sie alle entstammen aus Welten ohne gültiges Arbeitsrecht und zugehörige Gerichtsbarkeit. Doch auch hier herrschen möglicherweise Verhältnisse, die sich auf das Wohlbefinden teils fiktiver Personen und Lebewesen auswirken können. Was, wenn es dem Teufel in der Hölle zu heiß wird? Was, wenn allzu fette Babys dem Storch auf den Rücken gehen? Sogar Gegenstände der uns umgebenden Natur fühlen sich manchmal an ihrem angestammten Platz nicht wohl und auch Fantasiewesen können ihre Probleme mit einer virtuellen Wirklichkeit haben, wenn man Teile seiner Fantasie aktiviert, die bisher ungenutzt blieben, und entsprechende Szenarien konstruiert.

Die folgenden Kündigungsschreiben sind alle einer solchen angeregten oder sogar überreizten Fantasie entsprungen und haben ganz und gar nichts mit der Realität zu tun, die allerdings manchmal durch einen Spalt in der Hintertür doch grinsend zuschaut.

Blättern Sie also um und sehen Sie, was ein Blatt vom Baum zu einer Kündigung bewegt …

Ein Blatt kündigt seinem Baum

Ein Blatt, Krone oben links, Herzog-Ernst-Eiche

Herzog-Ernst-Eiche
Kirchplatz
29525 Uelzen

18. Oktober 2016

Kündigung

Mein lieber Baum,

monatelang habe ich nun als eines von vielen
an einem deiner Zweige gehangen, aber nun muss
ich unsere Zusammenarbeit kündigen. Wir haben
dich, so glaube ich sagen zu dürfen, auf das
Beste mit Nahrung versorgt. Vom ersten zarten
Grün im Frühjahr an haben wir Sonnenstrahlen für
dich eingefangen und mit unserem hervorragenden
Farbstoff in Zucker und Stärke umgewandelt, und
du bist gewachsen in diesem Jahr und konntest
einen beachtlichen Jahresring zu den übrigen
hinzufügen. Das habe ich, das haben alle meine
Brüder und Schwestern mit großer Freude getan,

denn deine kraftvollen Äste haben uns wirklich hervorragende Plätze an der Sonne und im warmen Sommerwind verschafft. Gern haben wir Insekten und Vögeln Nahrung, Lebensraum und Unterkunft geboten und auch für alle Lebewesen um uns herum Schatten gespendet, doch nun ist der Zeitpunkt gekommen, zu dem Mutter Erde uns bittet, wieder zu ihr zurückzukehren. Schon zeigen wir Blätter alle wieder ihre Farbe, noch bunt leuchtend im Sonnenlicht, und schon bald werden wir hinab- schweben und einen wärmenden Teppich über das Gras zu deinen Füßen decken und schließlich wie- der zur Erde werden, um deine Wurzeln zu nähren.

Ja, wir werden dich einen Winter lang als kahlen Baum zurücklassen, aber im nächsten Früh- jahr auf wundersame Weise zurückkehren und einen neuen, segensreichen Sommer erleben.

Adieu

Ein Blatt

Der Klapperstorch kündigt wegen Überlastung

Adebar Storch, Im Märchenwald 7, 45678 Sagenheim

Zentrale für kollektives Bewusstsein
z. H. Frau Rosa Häschen
Hirngespinstweg 77
12345 Wolkenkuckucksheim

11.4.2015

Kündigung

Sehr geehrte Frau Häschen,

ich habe über etliche Jahrhunderte ohne zu klagen die mir
von der Natur zugewiesene Tätigkeit ausgeübt und mensch-
lichen Nachwuchs geliefert. Ich bin auch dann nicht an die
Öffentlichkeit gegangen, als das Märchen von der sogenannten Geburt aufgebracht wurde. Kleine und unfertige Menschen, die unten aus einer Frau herausfallen oder sogar noch
gequetscht werden müssen – was für ein Unsinn! Kinder kommen ja schließlich aus dem Teich. Seltsamerweise hat sich
die Legende von der Herstellung von Kindern (die Sache mit
diesem Sex) weiter halten können. Ich werde das nicht aufklä-
ren, obwohl ich dabei eine ziemlich wichtige Rolle spiele.

Mittlerweile allerdings sind die Arbeitsbedingungen unzumutbar geworden. Wegen künstlicher Befruchtung und hormoneller Behandlung und anderer Zaubereien erwarten die Menschen immer großartigere Leistungen von mir, zum Beispiel die Lieferung von überschweren Babys oder gar Mehrlingen, die bei einem leichten Vogel wie ich es bin Rückenprobleme verursachen und für deren Transport die mir von der Natur zugewiesene Flügelfläche für einen sicheren Flug bei Weitem nicht ausreicht. Kommt noch schlechtes Wetter hinzu, so bin ich immer in Gefahr, mit meiner wertvollen Fracht abzustürzen. Auch die Forderung besonders engagierter Eltern, ich möge ihren Nachwuchs während des Fluges schon in einer Fremdsprache unterrichten, halte ich für eine Zumutung.

Als Alternative zu einer Entlassung kommt möglicherweise eine Frühverrentung infrage, zu der ich bei einer ausreichenden Froschrente durchaus bereit wäre. Vielleicht können wir das im persönlichen Gespräch klären. Sie wissen ja, wo Sie mich erreichen – immer ganz oben.

Mit freundlichen Grüßen

Adebar Storch

PS: Sollten Sie bei meinem Ausscheiden aus dem Dienst ein Aussterben der Menschheit befürchten: Fragen Sie bei Ramelzon nach! Die werden meine Arbeit mithilfe von Drohnen sicherlich gern und schnell erledigen.

Rumpelstilzchen kündigt wegen Einordnung in die falsche Tarifgruppe

Helmut Rumpel-Stilzchen, Im Märchenwald 9, 45678 Sagenheim

An den Märchenkönig
Schlossstraße 1
12345 Königstein

31.2.2004

Kündigung

Eure Majestät,

meine Tätigkeit in dem sogar nach mir benannten Märchen
»Rumpelstilzchen« kann ich nicht weiter ausüben, wenn Sie sich
weiterhin sperren sollten, auf mein rechtmäßiges Anliegen nach
tariflicher Neueinordnung einzugehen. Ich sehe nicht ein, dass ich
meine verantwortungsvolle Darstellungsleistung weiter ausüben
soll, wenn ich weiterhin rücksichtslos in die falsche Tarifgruppe
eingeordnet werde. Ich gehöre nicht in die Gruppierung »Zwerge
als unbedeutende Komparsen bzw. märchenhafte Dekoration«
(8,90 Goldstücke pro Stunde), sondern möchte zumindest in
die Tarifgruppe »kleinwüchsige Hauptdarsteller mit handlungs-
relevanter Aufgabe« (14,50 Goldstücke, gegebenenfalls plus
Gefahrenzulage) eingestuft werden oder aber sogar in die höchste

193

Kategorie »Monster, Unwesen und Unholde mit gereimtem und/ oder gesungenem Dramaturgieanteil und moralischem Erkenntnisbeitrag« (21,90 Goldstücke pro Stunde). Außerdem verlange ich eine Nachzahlung in Höhe von mindestens 1 000 Goldstücken für bisher erbrachte Leistungen sowie ein Schmerzensgeld in Höhe von 500 Karfunkelsteinen für meinen mehrfach vorgeführten Stunt »Zerreißen beim Tanz um das Feuer«. Zudem erwarte ich von Ihnen, dass Sie meinen musikalischen Beitrag »Ach, wie gut, dass niemand weiß ...« unter Angabe des Interpreten DJ Rumpelstiltskin bei der GEMA anmelden und so das millionenfache kostenlose Herunterladen bei Youtube verhindern. Auch wir Zwerge haben Großes vor!

Hochachtungsvoll

Rumpel-Stilzchen alias DJ Rumpelstiltskin

Satan kündigt wegen Burnout

Satan, 9. Kreis der Hölle, 45678 Unterweltlingen

An die Oberste Instanz
Immer und überall
12345 Höheresphären

13.13.6666

Kündigung

Hallo Boss,

ich weiß zwar, dass es vor ein paar hunderttausend Jahren erhebliche Differenzen zwischen uns gegeben hat, und es war vielleicht auch nicht richtig, dass wir an Deinem Thron gesägt haben und den Laden übernehmen wollten. Du hast es uns mit entsprechender Münze heimgezahlt, der unendlich lange Sturz in die unterste Etage war ebenso beängstigend wie beeindruckend, und ich dachte eigentlich, dass unsere Meinungsverschiedenheiten damit bereinigt seien.

Mittlerweile habe ich aber begriffen, dass Du nachtragend und rachsüchtig bist, denn die Arbeitsbedingungen hier unten verstoßen gegen jeden Flächentarifvertrag, wenn nicht sogar gegen alle Menschenrechte, die ich allerdings für mich nicht in Anspruch nehmen kann. Meine einst so prächtigen Flügel sind verbrannt, meine Haut ähnelt der eines Brathähnchens, und jeden Morgen erschrecke ich vor mir selbst, wenn ich im Spiegel die hässlichen Auswüchse an meinem Kopf entdecke, die offenbar zur Corporate Identity dieser Abteilung Deiner Firma gehören. Sowohl die Temperaturen vor Ort als auch die Jammerlaute und Schmerzensschreie der Kunden, die wir einer endlos langen Spezialbehandlung unterziehen müssen, die ständige Atmosphäre von Panik und Todesangst lassen sich nur in einem einzigen Satz zusammenfassen:

Das ist die Hölle und ich habe Burnout!

Ich weiß, dass es in meinem Alter und mit meinen sehr speziellen Qualifikationen schwierig sein dürfte, einen neuen Arbeitsplatz zu finden, aber immerhin gibt es unterdessen mit dem Pastafarianismus, der Religion des Fliegenden Spaghetti-monsters, eine Alternative, die sich Deinem Einflussbereich entzieht. Dort tut man wenigstens etwas fürs Personal, es soll einen Biervulkan und Stripperinnen in unbegrenzter Zahl für jeden geben, und eine Hölle haben sie noch nicht, soweit ich weiß. Mein Entschluss steht fest.

Hochachtungsvoll

Satan

Das Ungeheuer von Loch Ness fühlt sich von Touristen belästigt

Dranago Dragoll Brahamoi,
genannt »Ungeheuer von Loch Ness«, Im Loch, Schottland

Touristeninformationszentrum
Loch Ness
Kilmore Road 7
12345 Drumnadochit

26.3.2013

Sehr geehrte Damen und Herren,

ich habe die örtliche Greenpeace-Gruppe gebeten, sich in meinem Auftrag an Sie zu wenden, denn ich fühle mich in den letzten Monaten und Jahren in nicht mehr zumutbarer Weise durch internationale Touristen belästigt. Ich bewohne dieses Gewässer als gebürtiger Plesiosaurus nun seit mittlerweile 65 Millionen Jahren und bin in diesem langen Zeitraum noch nie auf derart intensive Weise mit fotografischen Attacken behelligt worden. Bisher ist es mir gelungen, allen analogen und digitalen Fotografieversuchen zu entkommen. Es existiert kein einziges authentisches Bild von mir, und das ist gut so. Das bedeutet für meinen alltäglichen Aufenthalt im See allerdings höchste Aufmerksamkeit und ausgefeilte Tarnmaßnahmen, die mich in meiner unbefangenen Bewegungsfreiheit enorm einschränken.

Mehr noch jedoch fühle ich mich durch die zahlreichen Paparazzi irritiert und kompromittiert, die vorgebliche Bilder von mir an Zeitschriften und Zeitungen verkaufen bzw. in den sozialen Medien online stellen. Bei diesen Machwerken handelt es sich zumeist um Ablichtungen von skrupellosen Schwimmern mit Buckelprothesen oder selbst gebastelten Drachenattrappen. Es verursacht mir geradezu körperlichen Schmerz, wenn jemand glaubt, er habe ein Abbild von mir zu Gesicht bekommen.

Daher habe ich mich entschlossen zu kündigen und Loch Ness in Richtung Norwegen zu verlassen, um in einem dortigen Fjord einen neuen, ungestörten Lebensraum zu finden.

Mit freundlichen Grüßen

im Auftrag George Liam Pommery (Greenpeace-Beauftragter für gefährdete Fabelwesen)
für Dranago Dragoll Brahamoi, geschmackloserweise »Nessie« genannt

Sisyphos wehrt sich gegen
unzumutbare Arbeitsbedingungen

Sisyphos, zurzeit ohne festen Wohnsitz,
regelmäßig anzutreffen unten am oder oben auf dem Berg

Olymp Göttergesellschaft mit beschränkter Haftung
zu Händen Göttervater Zeus
Penthouse, App. 1
12345 Olymp

Kündigung

Sehr geehrter Göttervater,

aus Götterkreisen wurde mir vor etlichen Jahren wegen einiger Indiskretionen meinerseits ein ausgesprochen ungünstiges Arbeitsverhältnis aufoktroyiert, unter dessen Folgen ich bis heute leide. Nach Rücksprache mit einem Gewerkschaftsvertreter und dem Betriebsrat habe ich mich entschlossen, diese meine derzeitige Stellung zu kündigen, auch wenn Sie den Arbeitsvertrag zwischen uns vermutlich für unkündbar halten. Notfalls würde ich vor das Oberste Arbeitsgericht gehen, falls Sie mich nicht aus diesem Verhältnis entlassen wollen. Mein Arbeitsgerät, eine massive Steinkugel, habe ich am Fuße des Berges deponiert, nachdem alle Versuche gescheitert sind, sie oben auf dem Gipfel abzulegen, wie es Ihrer Tätigkeitsbeschreibung entsprach. Zur Kündigung veranlasst mich nicht nur die Aussichtslosigkeit meiner Aufgabe, sondern auch die überaus schlechte Bezahlung und der dauerhafte Schaden für meine Reputation und Gesundheit. Mittlerweile ist mir sogar zu Ohren gekommen, dass man sich vielerorts über mich lustig macht und eine aussichtslose Arbeit als Sisyphosarbeit bezeichnet.

Hochachtungsvoll

Sisyphos

Schoenbloedix kündigt Obelix
das Hinkelstein-Abo

Schoenbloedix, Dorfplatz 23,
2345 Dorf gleich neben dem Dorf der Verrückten/Gallien

Obelix
Hinkelsteine aller Art
Dorfrandgasse 23
12345 Dorf der Verrückten/Gallien

Nonae des Quintilis 698 ab urbe condita

Kündigung des Liefervertrages
»Ein Hinkelstein für jeden Tag«

Sehr geehrter Freund und Dorfgenosse,

hiermit kündige ich in aller Form den zwischen uns geschlossenen Liefervertrag über Hinkelsteine (du weißt schon, dein Sonderangebot »Ein
Hinkelstein für jeden Tag«), der nunmehr seit 36 Monden läuft. Du hast
mir seither – zugegeben äußerst preiswert – über 1 000 Hinkelsteine
geliefert, aber ich kann mittlerweile den Eingang meines Hauses nur
nach einer ausgedehnten Bergtour erreichen, meine Ziege findet kein
Gras mehr und meine Frau ist mit den Kindern nach Lutetia geflohen.
Gut, ich spare bei jedem gelieferten Hinkelstein 63 Prozent des sonst üblichen Preises, und sie sind von ausgezeichneter Qualität. Das hat mich

damals überzeugt, aber es waren auch viele Krüge Cervisia im Spiel, als ich diesen Vertrag unterschrieben habe. Dass im Kleingedruckten »Laufzeit: auf Lebenszeit« stand, habe ich wohl übersehen.

Meine erste Kündigung hast du abgelehnt, aber ich bitte dich inständig, diese zu akzeptieren. Ich habe zwischenzeitlich sogar versucht, Hinkelsteine an die Römer zu verkaufen, doch die fanden keine Verwendung dafür und nur eine große Werbekampagne hätte sie als Produkt für Rom interessant machen können.

Auch die übrigen Gallier im Dorf und in allen Nachbarorten habe ich angesprochen, aber da du jeden einzelnen Stein mit meinem Namen personalisiert hast, wurden selbst Gratisangebote meinerseits jedes Mal abgelehnt. Solltest du dieses Kündigungsschreiben nicht akzeptieren, sehe ich mich gezwungen, mich als Freiwilliger bei der römischen Legion zu melden.

Grüße

Dein Schoenbloedix

Der Vermieter kündigt den sieben Zwergen

B. Lockwart, Lockwart Immobilien & Co. KG,
Harter Weg 1, 45678 Wolkenheim-Fettlebe

Wohngemeinschaft Kleinwüchsiger
Märchenwald 3
12345 Märchenwald

**Vorsorgliche Kündigung des Mietvertrages
vom 6. März 1302**

Sehr geehrte Mieter der Zwergenhütte Märchenwald 3,

uns ist zu Ohren gekommen, dass Sie in der von uns an Sie
vermieteten Wohnsache Märchenwald 3 einer uns unbekann-
ten weiblichen Person regelmäßig Obdach gewähren, sodass
der Verdacht naheliegt, dass diese Person bei Ihnen wohnt
und Sie damit gegen § 3 Abs. 2 des Mietvertrages verstoßen,
der eine gemischtgeschlechtliche Belegung dieser Hütte aus
moralischen Gründen untersagt. Außerdem ist dieses Wohn-
gebäude wegen der zu erwartenden Kopfverletzungen durch
die geringe Deckenhöhe für nicht kleinwüchsige Mieter nicht
von der Märchenhaften Baubehörde freigegeben.

Außerdem soll besagte weibliche Person, die dem Verneh-
men nach den Namen Schnee Wittchen trägt, regelmäßigen
Besuch einer anderen weiblichen Person erhalten, die ihr an

der Haustür Gegenstände zu verkaufen trachtet – ein weiterer Verstoß gegen den Mietvertrag, der in § 21.516 Abs. 4 Haustürgeschäfte wegen der damit verbundenen Gefährdungen ausdrücklich untersagt.

Wir möchten Sie bitten, diesen Verdacht auszuräumen, da sonst diese Kündigung rechtskräftig wird und Sie Ihre Unterkunft bis zum Sankt-Nimmerleins-Tag verlassen müssen.

Mit freundlichen Grüßen

B. Lockwart
Lockwart Immobilien & Co. KG

Historische Kündigungen

Der Bäcker des Nostradamus und der Weltuntergang

Der Vertrag von Versailles, der Westfälische Friede von Münster, der Vertrag zwischen Eger und dem Stift Waldsassen/Fraischgebiet von 1591 – mehr oder weniger wichtige Vereinbarungen und Verträge werden von der Geschichtsschreibung fleißig und mit großem Aufwand dokumentiert. Seltener finden die kleinen Dinge des Alltags, die Auflösung von individuellen Absprachen und Einigungen in den Archiven der Historiker ihren Niederschlag, aber gerade diese fast alltäglichen Kündigungen geben uns Einblick in den Zeitgeist einer Epoche und Antworten auf Fragen wie etwa: Was hatte Casanova zu beichten? War die nackte Maja privat prüde? Hatte Julius Cäsar seinen Neffen Brutus schon früh in Verdacht? Bestellte Nostradamus kurz vor dem Weltuntergang seine Brötchen ab? Die folgenden Beiträge dürften bei seriösen Geschichtswissenschaftlern eher Kopfschütteln auslösen als erstaunte Ausrufe der Erkenntnis.

Beginnen wir die Entdeckungsreise in die Vergangenheit in einem Beichtstuhl …

Casanovas Beichtvater bittet um Versetzung

Bruder Angelicus, Kloster Einsiedeln, Klause 87

An
Nikolaus II. Imfeld
Abt des Klosters Einsiedeln
ebendort

12. Jenner Anno Domini 1771

Euer Gnaden,

leider sehe ich mich außer Stande, einem unserer Schäfchen
weiterhin die Beichte abzunehmen. Es handelt sich um Giacomo Girolamo Casanova, der mich hin und wieder zu diesem
Behufe aufsucht, wenn er in unserem Lande weilt. Da er es
nicht bei der Benennung seiner Sünden belassen kann und
der Herrgott ihm eine lebendige Sprache und eine bewegliche
Zunge gegeben hat, öffnet er, obwohl ohne Absicht, Satan und
den Fleischeslüsten die Tür zu meinem Beichtstuhl. Mir schwir-
ren meine Sinne mit Trugbildern von Bettina, Lucia, Christine,
Annita, Marietta, Lukrezia, Cäcilie, Fräulein Vesian, C.C. und
M.M. und dem Kastraten Bellino, mich quälen seine Berichte
über käufliche Liebe gegen Dukaten, Kronen, Genueser Zechi-
nen und französische Pistolen, ich durchlebe mit ihm wildeste

Ausschweifungen in Paris, Venedig, Konstantinopel und auf Korfu.

Da helfen kein Rosenkranz und auch kein Paternoster: Ihr werdet Euch denken können, welchen fürchterlichen Eindruck seine einzigartigen und hinreißenden Schilderungen der Sünde auf meinen armen Körper machen, sodass ich manchmal Stunden nach seiner umfänglichen Beichte nicht ohne hervorstechende Zeichen der Erregung den Beichtstuhl hätte verlassen können, würde ich nicht selbst Hand an mich legen. Doch wirken seine Worte auch im klösterlichen Alltag nach, verfolge ich doch die Nonnen unseres Ordens mit sündigen Augen, hefte meine Blicke auf diese zwei, vom Teufel geformten Halbkugeln unter ihrer Tracht, wohl wissend dass unsere Ordensschwestern eigentlich die Bräute des Herrn sind. Ich sehe nur diesen einzigen Weg, der Sünde zu entsagen, und bitte um Versetzung in den Weinkeller oder den Garten, wo ich auch zu niedrigen Diensten bereit sein werde.

Mit vorzüglicher Hochachtung und in Erwartung Eurer weisen Entscheidung

Bruder Angelicus

Die Antwort des Abtes

Nikolaus II. Imfeld, Abt des Klosters Einsiedeln, ebendort

An
Bruder Angelicus
Mönch des Klosters Einsiedeln
ebendort

13. Jenner Anno Domini 1771

Bruder Angelicus,

es schmerzt mich, Euch auf dem Pfad der Sünde
zu sehen, doch sagt mir Euer gestriges Schreiben, dass Ihr Euch Eurer Verfehlungen bewusst
seid und nun Buße tun wollt. Itzo komme ich
gnädig Eurem Wunsch nach, einen weiteren Dienst
im Weinkeller zu verrichten, da sich dort durch
göttliche Fügung eine Vakanz ergab: Der irische
Bruder Tuck hat sich entschlossen, künftig als
Missionar im Königreich Britannien zu wirken,
eine Veränderung, die auch dem Umfang der Wein-
vorräte des Klosters zugute kommen dürfte.
   Jedoch erscheinen mir die Größe der teufli-
schen Anfeindung, die Angriffe der Lüsternheit,

die ihr erlitten habt, weiterer entschiedener
Gegenmaßnahmen des Klerus zu bedürfen, sodass
ich ohne Verzögerung Maßnahmen treffen werde,
höchstselbst das Sakrament der Beichte auszuüben, wenn besagter Giacomo Girolamo Casanova
wieder im Kloster Unterkunft suchen sollte.
Wann, sagtet Ihr, könnte dies der Fall sein?

Der Herr sei mit Euch

Nikolaus II. Imfeld, Abt

Caesar berichtet Brutus von der Kündigung seines Sicherheitschefs

Julius Caesar, *dictator perpetuus*, 12345 Rom

Brutus
Hinterm Kolosseum 33
12345 Rom

Am Tubillustrium des Januarius 719 ab urbe condita

Brutus, mein lieber Filius,

alia jacta est, wie ich immer zu sagen pflege, denn nur den Ahnungslosen schenkt der Herr einen leichten Schlaf. Heute habe ich, gelenkt von einem großen Gefühl der Unsicherheit und Bedrohung, vor allem durch das Verhalten von Gaius Cassius Longinus und einigen seiner Helfershelfer, meinen bisherigen Sicherheitschef Lucius Minucius Basilus seines Amtes enthoben, da er meine Befürchtungen eines Mordkomplotts gegen mich nicht ernstgenommen und mit dem Ausspruch »Ach, Caesar, altes Weichei, die wollen doch nur spielen!« sogar lächerlich gemacht hat.

Ich hoffe, dass nicht auch du, mein Sohn Brutus, meine Besorgnis für übertrieben hältst, und möchte dich bitten, mich bei der Neubesetzung dieses wichtigen Amtes zu beraten, damit ich auch weiterhin sagen kann: Ich kam, sah und siegte. Willst

211

du selbst mein *consiliarius securitae* werden? Oder falls nicht: Würdest du mir Gaius Trebonius, Publius Servilius Casca Longus, Lucius Tillius Cimber oder Marcus Petronius für dieses Amt empfehlen? Ganz tief in mir plagt mich auch bei diesen allen das ungute Gefühl, sie könnten Teil einer Verschwörung sein. Kannst du diese meine Befürchtungen ausräumen und mir einen guten Mann empfehlen?

In gespannter Erwartung deiner Antwort

Julius Caesar, *dictator perpetuus*

Die nackte Maja kündigt wegen schwerer Vertrauensprobleme

Ihr wisst schon wer, Ihr wisst schon wo

Francisco José de Goya y Lucientes
Hofmaler
Palacio Real
E-12345 Madrid

Kündigung des Modellvertrages vom 1.5.1795

Verehrter Meister Francisco de Goya,

als ich mich vor einiger Zeit, befeuert von einer Karaffe mit andalusischem Sherry und Eurem verliebten Werben, von Euch in dieser sehr natürlichen Pose (Ihr wisst schon) malen ließ, hatte ich gehofft, in stillem Einverständnis mit Euch zu handeln, und auf Eure Diskretion gesetzt. Zu meinem Erstaunen fand ich kürzlich nun beide bei diesem Anlass entstandenen Gemälde – das sittlich einwandfreie in Bekleidung und das eigentlich nicht für fremde Augen bestimmte – nebeneinander im Hause des Premierministers Manuel de Godoy. Dieser Anblick ließ mich vor Scham erröten, während der Hausherr mir schamlos eindeutige Blicke zuwarf. Ihr werdet verstehen, dass ich sehr enttäuscht von Euch bin und das Vertrauen in Euch, Grundlage für menschliche Nähe und weitere, auch künstlerisch freie Zusammenarbeit, verloren habe.

Als kleine Entschädigung für die erlittene Unbill möchte ich von Euch die geringe Summe von 500 Real in Gold erbitten, was jedoch den erlittenen Schaden in meinem Herzen nicht annähernd ausgleichen kann. Unter Umständen muss ich Euch später noch einmal um Tröstung bitten.

Eure einst ergebene

Maja M. Odello (Ihr wisst schon wer)

PS: Falls Ihr nicht auf meine Forderungen einzugehen bereit seid, werde ich als schwache Frau in Eurem Dienstherrn, König Karl IV., sicherlich einen neuen Gönner finden, der ein offenes Ohr für meine Belange hat. Das allerdings würde ich nur ungern nutzen, denn es könnte Euch in Eurer Anstellung als Hofmaler kompromittieren und gefährden, ein Amt, das, wie man hört, ohnehin auf tönernen Füßen steht.

Nostradamus kündigt seinem Bäcker

Michel de Nostredame, Rue Nostradamus, Salon-de-Crau

Jean Jaques Plumeau
Boulanger
Rue Éclair 1
Salon-de-Crau

11. Juni 1552

Kündigung

Werther Monsieur,

durch tiefere Einsicht gewonnenes Wissen lässt es mich für nötig erach-
ten, Eure so zuverlässige und den morgendlichen Gaumen erfreuende,
regelmäßige Lieferung von zwei Baguettes und einem Bâtard schon für
den morgigen und alle kommenden Tage abzusagen und zu kündigen.
Die bereits zuvor geleistete Zahlung in Höhe von 50 Franc übermittle ich
Euch als Geschenk verbunden mit dem Hinweise, diesen Betrag und all
Euer übriges Vermögen in den kommenden Tagen verschwenderisch aus-
zugeben. Diesen Ratschlag erteile ich Euch nicht aus heiterem Himmel,
sagen doch meine wissenschaftlichen und metaphysischen Nachforschun-
gen, dass diese Welt schon in den kommenden Monden einer großen
Wende entgegensieht, so gewaltig, dass alle Zeitläufte enden werden.

So lebt denn wohl, solange Ihr noch Zeit dazu findet.

Mit nochmaligem Dank für Eure großartigen Dienste in der Vergangenheit und für manche nahrhafte Atzung aus Eurer kundigen Hand

Michel de Nostredame

Prominente Kündigungen

Die Zweifel des Papstes und die Versuchungen des Reiner C.

Wir kennen Prominente besser als unsere Verwandten und betrachten mit großem Interesse Schnappschüsse aus all ihren Lebensbereichen. Paparazzi jagen sie zu Hause, am Strand, in ihren Villen und Palästen und auf öffentlichen Veranstaltungen. Bilder ihrer Mülleimer, Kinder, Wellensittiche, Hunde und Schwimmbadreiniger kursieren in allen Medien, doch was wir normalerweise nicht zu Gesicht bekommen, ist die private und juristische Korrespondenz der VIPs.

Dieses Kapitel macht sich daran, dies zu ändern. Wühlen wir doch ein wenig in den virtuellen Papierkörben der Prominenz! Dort fände man sicherlich neben zahllosen Rechnungen und Liebesbriefen von Fans zahlreiche Kündigungsschreiben, die etwa so wie die nachfolgenden Texte aussehen könnten und uns auf neue Weise Einblick in das glamouröse Leben der Prominenz gewähren könnten – bekämen wir sie denn zu Gesicht.

Erwarten Sie hier erschreckende und auch verwirrende Erkenntnisse wie die folgenden aus einem Reitstall irgendwo in Großbritannien …

Camillas Reitpferd beschwert sich wegen Überlastung und Rückenschäden

Henriette Horse, Stall des Buckingham-Palastes

An meinen Pfleger und Stallmeister

19. Mai 2015

Kündigung

Hallo,

allzu oft sagt man ja nichts so als Pferd, und wenn ihr Menschen schon einmal mit einem Pferd redet, flüstert ihr immer und wollt irgendwas von uns. Jetzt will ich etwas von euch, nämlich verhindern, dass diese Frau mit den geschmacklosen Hüten und dem ausladenden Gesäß weiterhin auf mir reitet. Ich bin zwar eine strapazierfähige Holsteiner-Stute, aber was zu viel ist, ist zu viel: Ich habe schon echte Rückenprobleme. Ganz hinten rechts im Stall steht doch noch so ein Shire-Horse-Wallach, ein Kaltblüter, der viel besser zu dieser Kehrseite passt. Ich möchte aber auch darum bitten, nicht wieder beim Polo eingesetzt zu werden. Dieser Mann mit der langen Nase, zu dem alle »Königliche Hoheit« oder Charles sagen, hat mich vor einiger Zeit mal dermaßen rangenommen, dass mir alle Hufe wehtaten. Am meisten würde ich mich über einen warmen Platz im Stall und immer wieder ein bisschen Bewegung unter einem leichten Reiter freuen.

Mit herzlichem Wiehern

Henriette

Hainer Calmunds Diätassistentin kündigt
wegen der Aussichtslosigkeit ihres Tuns

Rita Kaumann-Weniger, Sinnloserweg 12, 12345 Saarlouis

Hainer Calmund

Hainer-Calmund-Platz 1

12345 Saarlouis

5.7.2015

Kündigung

Lieber Herr Calmund,

zum einen muss ich leider meine bisherige Tätigkeit für Sie
wegen psychischer Probleme kündigen. Mich beschleicht
seit einigen Wochen ein Gefühl völliger Sinnlosigkeit meiner
Person, da weder meine beratenden Gespräche noch mein
sorgfältig erstellter Ernährungsplan bei Ihnen in irgendeiner
Art und Weise anschlagen. Wir haben in den letzten Wochen
und Monaten folgende Diäten und Ernährungsregeln pro-
biert: 17-Tage-Diät, 24-Stunden-Diät, 3D-Diät, 5:2-Diät,
5-am-Tag-Diät, Alkaline-Diät, Anabole Diät, Ananas-Diät,
Apfelessig-Diät, Atkins-Diät, Ayurveda-Diät, Bruker-Diät,
Buttermilch-Diät, Chili-Ingwer-Diät, Eintopf-Diät, FDH,
Gluten-Diät, Glyx-Diät, Hollywood-Diät, Kartoffel-Diät,

Kohlsuppen-Diät, Low-Carb-Diät, Low-Fat-Diät, Mayo-Diät, Metabolic-Balance-Diät, Mittelmeer-Diät, Mond-Diät, Nulldiät, Paleo-Diät, Pfundsdiät, Saftfasten, Schlank im Schlaf, South-Beach-Diät, Steinzeit-Diät, TLC-Diät und Trennkost – ohne jeden Erfolg. Drei Sternerestaurants in nächster Nähe, das von Lea Linster in Luxemburg, von Christian Bau in Perl-Nenning und das Lokal von Klaus Erfort in Saarbrücken führen Sie täglich in Versuchung, dazu gefährdet Sie die grobe Bratwurst aus der Metzgerei Pieper in nächster Nachbarschaft – Sie können nicht nein sagen und ich kann nicht mehr – ich werde mich in den kommenden Wochen einer Burnout-Therapie unterziehen.

Zum anderen gratuliere ich Ihnen zur Umbenennung Ihrer Wohnstraße in Saarlouis, die ja nach dem Abriss einiger Häuser in Hainer-Calmund-Platz umbenannt wurde. Endlich haben Sie genug Lebensraum an Ihrem Wohnort und können sich frei bewegen.

Alles Gute für Ihre Zukunft

Rita Kaumann-Weniger

Der Papst kündigt wegen religiösen Versagens

Innozenz XIV., zurzeit noch Papst, 12345 Vatikanstaat

Gott, irgendwo da oben

6.9.2017

Kündigung

Hallo Chef,

ich spreche heute nicht als Kirchenmann, sondern als einer Deiner einfachen Anhänger zu Dir. Ich bin schon seit mehreren Jahren für Dich tätig, reise unentwegt durch die halbe Welt und versuche, den Glauben an Dich zu verbreiten. Ich habe bei dieser Tätigkeit mindestens eine Million Freimeilen bei jeder Fluggesellschaft dieser Erde zusammengejettet mit dem Ergebnis: Die Zahl der Mitglieder in Deiner Kirche schrumpft. Da Du ja seit Jahrtausenden für dieselben Ideale stehst, muss es wohl an mir liegen, an meiner Art, die Menschen anzusprechen. Ich habe alles versucht, ich habe gepredigt, gemahnt, gebettelt, mit einer furchtbaren Hölle gedroht und Dein Himmelreich in den schönsten Farben geschildert, aber alles ohne jeden Erfolg. Die Leute werden eher Mitglied im Fitness-Club oder einer neuen politischen Partei als in Deiner Kirche. Ja, gut, die Medien haben immer über mich und meine großartigen Taten für den Glauben berichtet, aber nur, wenn nicht gerade eine besonders missmutige Katze oder ein herausragend korrupter Politiker das öffentliche Interesse gefesselt haben. In einem einfachen Satz zusammengefasst: Ich bin ein Versager und nicht würdig, Dich auf Erden weiterhin zu vertreten. Sicher dürfte es kein Problem für Dich sein, einen geeigneten Nachfolger für mich zu bestimmen. Vielleicht nimmst Du einen ausscheidenden EU-Politiker oder einen Manager aus der Industrie – die können das alle besser als ich.

Ich habe mich jetzt bei einem Wochenendkurs »Nirwana in drei Tagen« beim Dalai Lama angemeldet und hoffe, dabei für mich persönlich zur Erleuchtung zu gelangen, was ich in der Tätigkeit für Dich nicht erreichen konnte.

Gott sei mit Dir – aber das bist du ja selbst ...

Innozenz XIV, jetzt wieder Detlef Deppendorfer

Spock kündigt auf der Enterprize

Spock, Erster und wissenschaftlicher Offizier
an Bord der USS Enterprize

Captain James Tiberius Kirk
USS Enterprize
Brücke

Sternzeit 5943,7

Bitte um Entlassung aus dem Dienst

Hallo Captain,

faszinierend ist ein Wort, das ich nur benutze,
wenn mich etwas überrascht. Mittlerweile ist
das aber immer seltener der Fall. Ich habe meine
Aufgabe, das menschliche Verhalten auf diesem
Schiff zu hinterfragen, immer sehr ernst genommen, wie Sie wissen, und stets versucht, meine
Erkenntnisse auf eine logische Basis zu stellen, auch wenn es mir als Halb-Vulkanier meine
menschliche Hälfte manchmal schwierig machte,
logisch und besonnen zu bleiben. Wie sagte mein
Vater immer, der vulkanische Botschafter Sarek,

zu meinem älteren Halbbruder Sybok, wenn sein grünes Blut in Wallung geriet, er wieder einmal gegen die reine Logik rebellierte und offene Gefühle forderte? »Alles, was ich kenne, ist Logik.«

Diese Logik sagt mir nun, dass ich ein Angebot von unerwarteter Stelle nicht ausschlagen sollte. Ein gewisser Anakin Skywalker hat mir eine Anstellung in seinem Universum und ein astronomisch hohes Gehalt angeboten – und das wiederum finde ich faszinierend! Außerdem geht es um die Zerstörung eines Todessterns, eine intellektuelle Herausforderung, der ich mich stellen möchte. Daher möchte ich Sie bitten, mich im Laufe der nächsten Stunden zu den Koordinaten zu beamen, welche ich Ihnen noch zukommen lassen werde.

Es dankt für die langjährige Zusammenarbeit

Spock

Diverse Kündigungen

Man muss sich nicht zum Affen machen lassen

Hier finden Sie Kündigungen, die in keine der bisher benutzten Schubladen passen. Einige davon werden wohl nie ausgesprochen werden, zum einen, weil die Akteure, die da kündigen, gar nicht wirklich existent sind oder sich schriftlich nicht artikulieren können. Mutter Erde kann uns keine Kündigungsbriefe schreiben und auch Schutzengel wählen nicht diesen Weg der Korrespondenz. In anderen Fällen sprechen wichtige Gründe gegen eine endgültige Trennung der Parteien. Vorstellen aber darf man sich alles, auch wenn die Folgen manchmal nicht auszudenken wären.

Einige der hier wiedergegebenen Trennungen könnten aber durchaus einen realen Hintergrund haben, auch wenn die Zusammenhänge vielleicht doch auf den einen oder anderen Leser ziemlich konstruiert wirken könnten – wie beispielsweise die folgende Sache mit dem Gänse-Internat …

Eine Gans hält den Geflügelhof für ein Internat

Gunilla Gans, Wiesenhof-Internat, Haus »Schöne Feder«, 45678 Gantenbach

Wiesenhof-Internat
Sankt-Martins-Weg 3–66
45678 Gantenbach

Kündigung

8.11.2017

Sehr geehrte Schulleitung,

nachdem ich nun vom Ei weg die Ausbildung an Ihrem Institut
genießen durfte, komme ich an einen Punkt in meiner Entwicklung, an dem ich mich verändern möchte. Ich habe den Eindruck,
dass Sie in Ihrem Ausbildungskonzept die körperlichen Aspekte
allzu sehr in den Vordergrund stellen, während die geistige
Entwicklung nur wenig Förderung erfährt. Ich freue mich zwar
über kräftige Brustmuskeln und schöne Schenkel, vermisse aber
geistige Anregung und die Möglichkeit, meine intellektuellen Kräfte
weiterzuentwickeln. Das Geschnatter der übrigen 2 999 Gänse,
die dieses Manko wohl nicht als sonderlich störend empfinden,
genügt mir einfach nicht mehr. In diesem Zusammenhang:

Die Klassengröße in dieser Schule empfinde ich als unzumutbar hoch. Deshalb kündige ich den wohl von meinen Eltern geschlossenen Ausbildungsvertrag.

Aus den genannten Gründen würde ich gern den Abflug machen, musste aber feststellen, dass mein Flugapparat nicht wie erwartet funktioniert. Da gibt es ein Problem mit meinen Flügeln, und ich möchte Sie bitten, mir bei dessen Lösung helfend zur Hand zu gehen. Falls Sie nicht dazu bereit sind, müsste ich einen Mängelbericht verfassen und den Klageweg beschreiten. Es wäre mir aber viel daran gelegen, unser bis dato ja ganz effektives Verhältnis einvernehmlich zu beenden.

Mit freundlichen Grüßen

Gunilla Gans

PS: Ich habe gehört, dass am 11.11. ein besonderes Fest ins Haus steht, bei dem wir Gänse eine wichtige Rolle spielen. Darf ich trotz meiner Kündigung noch so lange bleiben?

Ein Schutzengel kündigt seinem Menschen

Camael, Schutzengel, Celestial Security & Surveillance

Heinz-Herbert Zabatinsky
Testosteronweg 22
12345 Hittistetten

5.5.2016

Kündigung

Sehr geehrter Herr Zabatinsky,

leider überfordern Sie mich durch eine selbst für einen sportlichen 27-jährigen Mann ungewöhnlich große Vielzahl von zum Teil lebensgefährlichen Aktivitäten sportlicher und sozialer Art, sodass ich den zwischen uns geschlossenen Schutzvertrag wegen weit überdurchschnittlicher Überforderung gemäß § 56a kündigen muss.

Ich habe Ihnen im letzten Monat insgesamt 12 Mal das Leben gerettet. Im Einzelnen:

Ich konnte einen LKW umlenken, mit dem Sie sich mit Ihrer 100er Honda auf Kollisionskurs befanden.

Während Ihrer Reparatur des Außenstrahlers an Ihrem Schwimmbecken habe ich geistesgegenwärtig den Fehlerstromschutzschalter betätigt.

Fehlerstromschutzschalter werden gemeinhin überschätzt – es sind wir Schutzengel, die so blitzschnell reagieren.

Ich habe 2,4 Millionen Bakterien getötet, um diese daran zu hindern, die Brandwunden an Ihren Fußsohlen zu infizieren, nachdem Sie am Feuerlaufen teilnehmen mussten.

Ich habe drei Gräten aus Ihrem grätenfreien Lachsfilet gefischt, bevor sie Ihren Mund erreichten.

Als Sie Outdoor-Freak Pilze gesammelt haben, konnte ich gerade noch rechtzeitig drei Weiße Knollenblätterpilze gegen echte Champignons austauschen.

Ich habe verhindert, dass Herr Hornebach, dessen Gattin Sie erotisch beglücken mussten, Ihnen noch in seinem Schlafzimmer den Hals umdreht, indem ich ihn in Person seines Freundes Alfons Birrlechner auf dem Nachhauseweg in seine Stammkneipe lockte.

Auf ähnliche Weise rettete ich Ihren Hals im Laufe der Woche bei Sarah Wiesner, Lisa Gerds und Jasmin Osmanoglu, wobei ich hier einen kompletten Familienclan von einem Spontanbesuch in Ihrem Loft abhalten musste.

Im Falle Dorit Gessner war mein Eingreifen wegen eines zusammenbrechenden Bettes vonnöten, das Sie DIY-Experte »einweihen« wollten.

Des Weiteren habe ich einen Faltfehler Ihres Gleitschirmes korrigiert, als Sie meinten, vom Zugspitzplatt hinabsegeln zu müssen.

Ich musste drei Haie, einen Stachelrochen und eine ultragiftige Würfelqualle davon abhalten, Sie bei Ihrem Tauchgang im Great Barrier Reef zu besuchen.

Ich habe die Elektronik Ihres geliehenen Ferraris gestört, sodass Sie auf dem Autobahnring statt 245 km/h nur 242 km/h schnell waren und so den Linienbus verfehlten, auf dessen Stoßstange das Schicksal bereits Ihren Namen geschrieben hatte.

Kurz darauf nahm ich die Form eines Gullydeckels an, um Ihren Sturz in die Kanalisation zu verhindern.

Als Sie mit Ihrer neuen GoPro auf dem Helm auf Ihrem neuen Carbon-Mountain-Bike vom Großglockner downhill brettern mussten, wurde mir so schlecht, dass ich Sie leider nicht mehr beschützen konnte und auch künftig nicht mehr dazu bereit bin, mich um Ihre Sicherheit zu kümmern.

Mit englischem Grusel

Camael

PS: Für Ihre Genesung wünsche ich Ihnen alles Gute – die Krankenhäuser in der Region sind auf derartige Verletzungen eingestellt. Was sind schon 42 Knochenbrüche? Und grüßen Sie meinen Nachfolger von mir. Hoffentlich ist er ein Profi, denn sonst sehen wir uns in Kürze wieder – im Himmel ...

Ein Rauschgiftspezialist kündigt
beim Drogendezernat

Frenjo vom Freudenborn, Drogenspezialist,
In der Hütte 3, 45678 Ruthenwedel

Polizeiobermeister
Detlef G. Derkum
12. Revier
Amsterdamer Str. 6
12345 Wasserpfeifenstett

Datum?
Keine Ahnung.
Ich bin sowas von zu ...

Kündigung

Hallo Herrchen,

ich mach das nicht mehr, Menschen in den Knast bringen, die
Gras und andere gute Sachen verkaufen. Ich habe das Zeug
getestet, und was soll ich dir sagen? Der Stoff haut dermaßen
rein ... Gut, vielleicht fahr ich auch so ab, weil ich das Zeug
fresse – rauchen geht ja wohl nicht, schon mal 'nen Hund mit
'nem Joint gesehen? Enttäuscht von dem Partner? Jetzt sag
nicht, von einem arroganten Airedale-Terrier hättest du das

erwartet oder von einem Bouvier des Flandres oder einem dekadenten Belgischen Schäferhund, aber nicht von einem aufrechten Deutschen Schäferhund oder einer ähnlichen Rasse. Auch Deutsche Boxer und sogar extrascharfe Dobermänner und Rottweiler nehmen mal 'nen Bissen. Was ist schon dabei? Die Hollandsen Herdershonde, die haben es gut, die können gemeinsam mit Herrchen ... Na, egal. Ich melde mich jedenfalls ab. Eigentlich bin ich in den letzten Wochen nur noch zum Dienst gekommen, weil ich gut an die Ware kam. Muss ich aber nicht mehr, ich habe mir da so einen kleinen Vorrat angelegt. Und wenn der weg ist, erschnüffle ich mir einfach was Neues – wozu habe ich denn so 'ne feine Nase und die gute Ausbildung?

Mit besten Grüßen und kommt gut drauf

Frenjo vom Freudenborn

Ein Zoomitarbeiter kündigt
seinen tierischen Einsatz

Berthold Beringer, Kigali-Straße 13, 45678 Ginsburg

Zoo der Stadt Ginsburg
Direktor
Tropenstr. 3
45678 Ginsburg

21.5.2013

Kündigung

Sehr geehrter Herr Direktor,

hiermit kündige ich mein Arbeitsverhältnis als Wärter in
Ihrem Tierpark zum nächstmöglichen Termin. Begründung:
Zunächst war ich mit meiner Arbeitseinweisung und auch
meinem Arbeitsalltag als Tierpfleger durchaus zufrieden. Das
allerdings nur, bis Sie mir die »Fortbildung« schmackhaft
gemacht haben, weil Sie mich an »anderer, für den Tierpark
bedeutender Stelle« einsetzen wollten. Obwohl Sie versucht
haben, mich durch einen Vertragszusatz zu absoluter Ver-
schwiegenheit zu verpflichten, habe ich mein berufliches
Dilemma in den letzten Tagen unter anderem in meinem
Freundeskreis und am kommenden Montag auch in der

örtlichen Presse öffentlich gemacht und gedenke, die damit verbundenen Entwürdigungen nicht weiter zu ertragen.

Der Gorillamann Kito, ein beeindruckender Silberrücken der seltenen Berggorillas, lag mir als seinem Wärter ebenso am Herzen wie Ihnen, denn er gehörte stets zu den Attraktionen des Zoos und war ein Publikumsmagnet. Es war tragisch, dass er in so jungen Jahren das Zeitliche segnete und drei einsame Weibchen zurückließ. Aber es geht nicht mehr – mit jedem neuen Morgen, wenn ich den Wagen geparkt und kurz darauf meine menschliche Identität abgelegt hatte, indem ich in das Gorillakostüm schlüpfte, fühlte ich mich zugleich weniger menschlich und immer mehr animalisch, ja, als ein von seinen Instinkten gesteuertes Triebtier. Meine Pflichten als Anführer belasteten mich stark, in meinem Spind hing neben dem Kostüm ein Foto der Gorilladame Momo aus dem Duisburger Zoo. Auch im Privatleben zog ich den Knöchelgang der aufrechten Fortbewegung vor und in meinem Urlaub fuhr ich mehrfach in den kongolesischen Urwald, wohl um Verwandte zu besuchen. Doch letztlich gab den Ausschlag, dass Sie meinem Wunsch nach einem neuen, besseren Gorillakostüm mit einer das Gesicht ganz bedeckenden Maske nicht nachkamen. Als mich am letzten Mittwoch mein Freund Bernhard als Zoobesucher hoch in den Bäumen erkannte und mir mit breitem Grinsen eine Banane zuwarf, war das Maß voll. Am folgenden Abend hatte ich mein Coming-out in meiner Stamm-Cocktailbar, es dauerte einige entwürdigende Stunden und etliche Lokalrunden »Swinging Safari« und »African Dream«, bis ich die herumhüpfende und keifende Affenhorde meiner Freunde beruhigen konnte. Sie werden verstehen, dass ich unter solchen Bedingungen auf keinen Fall an meiner beruflichen Tätigkeit festhalten kann.

Mit freundlichen Grüßen

Berthold Beringer

PS: Das Kostüm habe ich in die Altkleidersammlung gegeben, da waren ohnehin die Motten drin.

Ein Baby kündigt noch vor der Geburt
wegen unzumutbarer Welt

Ich, noch ohne Namen, in Mamas Bauch

An das höhere Wesen, wenn es so etwas gibt
Irgendwo, der Brief kommt schon an

0.0.00

Vorsorgliche Kündigung

Hallo Gott oder wie du dich nennst,

ich schreibe dir heute diesen telepathischen Kündigungs-
brief, weil ich hochbegabt bin und schon im Mutterleib das
Sprechen gelernt habe, und ich schreibe dir, weil ich mir
nicht so ganz sicher bin, ob ich das will, was du mit mir
vorhast. Denn das, was ich so mitkriege hier in meinem
gemütlichen Zuhause – du weißt ja, ungeborene Babys
bekommen eine ganze Menge mit –, das hört sich alles in
allem nicht besonders gut an.
    Wenn meine Mutter draußen herumläuft, höre ich jede
Menge Krach und so ein ekliger Gestank dringt sogar bis
zu mir hinein. Die beiden, die mich produziert haben,
scheinen auch nicht die glücklichsten Menschen der Welt
zu sein. Der Typ zum Beispiel, der mal mein Vater sein

soll, macht abends, wenn er nach Hause kommt, immer die große Welle, und dann sagt meine Mutter, dass er eine Fahne habe und dass sie das gar nicht gut finde. Außerdem streiten sie sich ständig und jeder will etwas anderes, auch was mich angeht. Sie reden sich die Köpfe heiß über meinen Namen, wenn ich auf die Welt gekommen bin. Sie wollen mich Kevin oder Madita nennen. Das geht ja gar nicht! Außerdem habe ich schon mitbekommen, dass sie wohl ziemlich pleite sein müssen, denn sie werfen sich gegenseitig ständig vor, sie würden zu viel Geld ausgeben. Abends verbringen sie stundenlang vor dem TV, weil sie kein Geld haben und nicht ins Kino oder ins Restaurant gehen können (ich weiß zwar nicht, was das ist, es muss aber beides etwas ganz Tolles sein), und das Programm (ich kriege ja nur den Ton mit) muss grottenschlecht sein. Danach gehen sie ins Bett, sie kriegt Kopfschmerzen und er jammert noch eine Weile herum, ob er nun den Wecker stellen oder lieber eine Kündigung schreiben soll, aber er nimmt immer den Wecker. Und wenn sie eingeschlafen sind und es endlich still ist, habe ich immer diese ganz tolle Idee, du könntest die Sache noch mal zurückdrehen und irgendwann macht es Plöpp!, und ich falle wieder auseinander und bin wieder eine Eizelle und eine Samenzelle und eins mit dem Universum. Geht das? Ich fände das echt cool.

Das Baby

Terra verabschiedet sich von der Menschheit

Terra, Milchstraße, Helios Sonnensystem, 3. Umlaufbahn

Menschheit, vertreten durch UN – Vereinte Nationen
Hauptsitz
U.N. Plaza
New York, NY 10 017 USA

12.8.2017

Sehr geehrte Parlamentarier, Präsidenten, Kanzler, Könige,
Kaiser, Diktatoren und Gewaltherrscher und alle Lebewesen, die sich idiotischerweise Homo sapiens sapiens
nennen,

ich, euer Planet, sehe mich heute genötigt, euch die Zusammenarbeit aufzukündigen, die sich eigentlich über viele
Jahrtausende bewährt hatte. Allerdings haben in den letzten
100 Jahren die Gräuel und Gewalttaten gegen mich in einem
derartigen Maße zugenommen, dass ich mich genötigt sehe,
diesen unerfreulichen Zustand zu beenden.

Die Liste eurer Verbrechen ist lang: Ihr habt unsägliche
Gifte in meine Meere gegossen und ihre Strände mit einem
Aussatz aus Beton überzogen, meine Wälder gerodet, die
Luft verpestet und die Temperaturen in unerträgliche Höhe

getrieben, Löcher in die Schutzschilde meiner Atmosphäre gerissen, dadurch viele meiner Kinder, zahllose Pflanzen- und Tierarten ausgerottet, in eurer maßlosen Gier in meiner Oberfläche herumgewühlt und meine Schätze ausgebeutet und verschwendet, die Kräfte der Hölle in eurer Lüsternheit nach Energie entfesselt und mein Angesicht mit Unmengen Plastikmüll verunstaltet. Ihr glaubt, eure Schandtaten bis in alle Ewigkeit fortführen zu können, doch ist nun ein Punkt erreicht, der Gegenwehr verlangt. Ich werde mich schütteln und euch von meiner Oberfläche fegen, wie ich es schon mit anderen Arten getan habe, die ihren Platz nicht kannten.

Ich werde meine Luft so sehr aufheizen, dass ihr in hilfloser Atemlosigkeit erstickt. Ich werde euch Hunger und Durst schicken, werde Stürme nie gekannten Ausmaßes über euch hinwegfegen lassen und in den Wogen meiner Meere werden eure Kinder ertrinken und eure Städte untergehen. Erdbeben werden eure Metropolen zum Einsturz bringen und tödliche Strahlung aus dem All wird euch mit schwarzer Pest überziehen, wenn ich die Schilde öffne, die euch bisher Schutz gegeben haben.

Dann, wenn ihr nur noch Vergangenheit seid oder die letzten von euch nackt und in Höhlen hausend mit ihren lächerlichen steinernen Werkzeugen nur noch einen sicheren Tod hinauszögern können, übernehmen klügere Arten euren Lebensraum und werden meine Oberfläche wieder zu dem unvergleichlichen Paradies für alles Leben werden lassen, das es war, als ich einst euch zu seinen Bewohnern werden ließ.

Dies ist meine Kündigung an euch und zugleich euer Todes-urteil.

Die Erde, auch bekannt als Terra, Gaia oder Pachamama

Ein Astronaut der ISS kündigt bei der NASA

Allan S. Targazer, Columbus Ave, New York

NASA Headquarters
300 E. Street SW, Suite 5R30
Washington, DC 20546

21. August 2015

Kündigung

Dear Sirs,

ursprünglich habe ich mir viel von meiner Tätig-
keit für Ihre Organisation versprochen, und ich
muss sagen, dass anfangs meine Erwartungen in
vollem Umfang erfüllt wurden. Die Aussicht war
überwältigend, die Unterbringung entsprach den
Angaben während der Ausbildung, das Fehlen der
Schwerkraft habe ich zunächst als eine Erleich-
terung wahrgenommen. Nach nunmehr mehrwöchiger
Tätigkeit stelle ich allerdings fest, dass das
Freizeitangebot doch recht beschränkt ist. Das
Alkoholverbot an Bord schränkt die russischen
Crew-Mitglieder deutlich ein, die einzige weib-

liche Person an Bord, die Astronautin Olga Woizilowa, genügt in keiner Weise den Vorstellungen der männlichen Besatzungsmitglieder an ein ausgefülltes Sexualleben. Das kulinarische Angebot an Bord ist einseitig und im wahrsten Sinne des Wortes ziemlich geschmacklos, auch wenn es noch so gesund sein mag. Außerdem würde ich es begrüßen, wenn meine Coca-Cola wieder einmal aus einer Flasche in ein Glas fließen würde statt als braune Kugel durch die Gegend zu schweben.

Ich persönlich leide allerdings in besonderer Weise unter dem Fehlen der Möglichkeit von Besichtigungstouren und Wochenendausflügen. Daher kündige ich meine Tätigkeit zum nächsten Termin der Ankunft eines Raumtransporters. Ich möchte Sie bitten, meine Rückkehr zur Erde möglichst unauffällig zu gestalten, da ich sonst mit Irritationen in meinem Freundeskreis und schlechter Presse zu rechnen hätte.

Mit freundlichen Grüßen

Allan S. Targazer

Eine Urlauberin fordert das Geld für ein Wellnesswochenende zurück

Gesine von der Schwelgen, Gut Schwelgen an der Mies, 45678 Hintenborn

Paradissimo-Wellnessreisen
Am Paradiesgarten 15
98765 Markt-Lücke

9.2.2017

Sehr geehrte Damen und Herren,

was soll denn Ihr Angebot mit Wellness zu tun haben? Wellness bedeutet doch wohl, dass es Ihren Gästen gut geht, sogar besser als zu Hause, und dass sie diesen Luxus genießen können. Was mich angeht, ist Ihnen das nicht gelungen. Zum einen verbringe ich im Durchschnitt dreimal im Jahr Urlaub in der Karibik oder auf Mauritius und reise zu diesem Zweck in meiner eigenen 16-Meter-Yacht an. Zum anderen fahre ich zu Hause drei exquisite Automobile und soll bei Ihnen Fahrrad fahren. Ich bewohne als Single 220 m² Wohnfläche und soll mich in Ihrem Haus mit einem 145-m²-Loft begnügen. Meine Küchenhilfe sorgt für zwei volle Kühlschränke und einen stets wohltemperierten Weinschrank und bereitet mir täglich drei überaus schmackhafte Mahlzeiten zu. Deshalb empfand ich vor allem Ihre Mahlzeiten als Beleidigung – oder waren die als Scherz gemeint? Vom Verwöhnfrühstück über das Drei-Gang-Veggie-Gourmet-Menü und das romantische Vier-Gang-Candle-Light-Dinner mit Eros-Service am Abend – ich habe selten so gelacht.

Ich empfange zu Hause in meinem Anwesen 642 Fernsehprogramme und hatte als Ihr Gast nicht einmal WLAN. Ich trage Designerkleidung von Prada, Dolce und Louis Vuitton und soll bei Ihnen allen Ernstes in so einem billigen Kaftan herumlaufen? Sie glauben außerdem, mich auf meinem »Wellness«-Aufenthalt in Ihrem Hause mit einem Meerwasserpool abspeisen zu können. Nein, ich erwarte eine Auswahl zwischen einem türkischen Bad, einer finnischen, einer russischen Sauna und einer indianischen Schwitzhütte. Selbstredend, dass Jacuzzi, Caldarium, Tepidarium, Frigidarium, Musicarium, Aquarium und Pandämonium ebenfalls zur Verfügung stehen müssen.

Was ich völlig vermisst habe, ist ein ansprechendes Kosmetikangebot. Zu einer anständigen Wellnessbehandlung gehören Gesichtskonturlifting, Anti-Stress-Deluxe-Maske, Aroma- und Serenity-Massage, Schokoladentherapie und Massage mit Steinen, am besten auch ein Meeresalgen-Peeling mit Fangopackung und danach die Honig-Mandel-Körperpackung; schließlich noch eine Behandlung auf der Sandwärmeliege und in der Infrarot-Kabine mit Farblicht-Therapie.

Alles in allem haben Sie nur 36 Wohlfühlleistungen an zwei Tagen angeboten, das ist Wellnessminimalismus. Ich freue mich, bald wieder zurück in meinem ärmlichen Zuhause anzukommen, wo ich mich sicher besser entspannen kann. Bitte erstatten Sie mittlerweile den von mir bezahlten Preis für Ihr beklagenswertes Angebot.

Mit freundlichen Grüßen

Gesine von der Schwelgen

Ein Einsiedler kündigt seinen Mietvertrag

Solitario Speciale, Einlöchnertal (am Ende links), 45678 Alpstadt

Klausner KG
Internationaler Klausen- und Eremitagen-Bau
Geschäftsleitung
z. H. Herrn Klausner
Am Fetten Acker 22
12345 Neuwerk-Einsacken

5.6.2017

Kündigung meiner Einsiedlerklause

Sehr geehrter Herr Klausner,

hiermit kündige ich den Mietvertrag vom 1.3.2017 für meine Einsiedlerklause »Individual 2000 A« zum nächstmöglichen Termin, und zwar aus
folgenden Gründen:

Wie ich beim letzten Einsiedlertreffen in Bad Waldwürgesheim von
langjährig erfahrenen Kollegen erfuhr, haben Sie mir meine Unterkunft
zu einem weitaus überhöhten Preis bei lächerlich geringer Ausstattung
vermietet. Für den von Ihnen geforderten Mietzins von 1566 € pro
Monat erhielt ich von Ihnen die Nutzungsrechte an einer schimmelfreien,

geheizten 12-Quadratmeter-Klause mit fließendem warmen Wasser der Kasteiungsstufe 11, hätte aber eigentlich eine ungeheizte und fußkalte 8-Quadratmeter-Klause mit Hausschwamm, Schimmel an den Wänden und Parasitenbefall der Kasteiungsstufe 16 erwarten können.

Die von mir erwartete Resonanz in der Bevölkerung auf mein erklärtes Einsiedlertum konnte ich leider nicht feststellen. Weder wurde ich sozial abgelehnt noch ausgegrenzt noch in irgendeiner Art und Weise sonst diskriminiert. Ganz im Gegenteil, zuerst wurde ich mit Nahrungsmitteln und Kleidung versorgt, aber schon nach zwei oder drei Tagen weitgehend ignoriert. Das führte zu einem Grad der Vereinsamung, der es mir schwermachte, ohne ein Gefühl der Eintönigkeit durch meine Tage als Einsiedler zu kommen. Auch blieben Kontakte von Presse und Fernsehen völlig aus, sodass ich vermutlich bald an Langeweile gestorben wäre, hätte ich nicht den Entschluss zur Kündigung gefasst.

Ich werde mich nun an anderer Stelle um einen neuen Platz außerhalb der Gesellschaft bemühen und mir dabei vermutlich einen Sponsor aus dem Bereich des Privatfernsehens suchen.

Hochachtungsvoll

Solitario Speciale

Ein Asi kündigt einen Handyvertrag

Kevin Kurz, Randweg 122, 4567 Prekaringen-Süd

2 und 3 oder so
an den, wo für die Kunden zuständig ist
Verbindungsstraße 3
56789 Servingen

12.1.2016

Kündigung von den scheißen Handyvertrag

Ey, Alda,

ich wollte doch bloß diesem geilen iPhone haben, und 1 Euro
ist doch kein Preis, hab ich gedacht. Wusst ich ja nicht, was ich
da auch noch jeden Monat abdrücken muss! Die Schantalle hat
auch iPhone von Aldi glaub ich, die muss aber nix extra löhnen.
Voll assi von euch, so linke Verträge zu machen! Außerdem
habe ich doch schon n S6 und sonn HTC und n Blackberry, für
die ich jeden Monat blechen muss!!! Mein Anwalt sagt, ich kann
das widerrufen, aber dem iPhone behalte ich, is auch schon
kaputt. Zurückgeben lohnt sich also sowieso nicht.

Kevin